Impressão legal

Saage Media GmbH
c/o SpinLab – The HHL Accelerator
Spinnereistraße 7
04179 Leipzig, Germany
E-Mail: contact@SaageMedia.com
Web: www.SaageMedia.com
Commercial Register: Local Court Leipzig, HRB 42755 (Handelsregister: Amtsgericht Leipzig, HRB 42755)
Managing Director: Rico Saage (Geschäftsführer)
VAT ID Number: DE369527893 (USt-IdNr.)

Editora: Saage Media GmbH

Publicação: 02.2025

Design da capa: Saage Media GmbH

ISBN Capa mole (pt): 978-3-384-52451-5

ISBN Ebook (pt): 978-3-384-52452-2

Legal / Avisos

Os links externos e referências às fontes listados neste livro foram verificados no momento da publicação. O autor não tem influência sobre os designs e conteúdos atuais e futuros das páginas vinculadas. O fornecedor do site vinculado é o único responsável por conteúdos ilegais, incorretos ou incompletos, bem como por danos decorrentes do uso ou não uso das informações, não quem se refere à respectiva publicação através de links. Todas as fontes externas utilizadas estão listadas na bibliografia. Apesar do cuidadoso controle de conteúdo, não assumimos responsabilidade pelo conteúdo de fontes externas. Os operadores das fontes citadas são os únicos responsáveis pelo seu conteúdo. Imagens e fontes de terceiros são marcadas como tal. A reprodução, processamento, distribuição e qualquer tipo de exploração fora dos limites dos direitos autorais requerem o consentimento por escrito do respectivo autor ou criador.

Este livro foi traduzido do alemão. Desvios do original ou erros de tradução não podem ser completamente descartados. Todas as fontes citadas no livro estão disponíveis em inglês. Não nos responsabilizamos por quaisquer imprecisões ou mal-entendidos de conteúdo que possam surgir através da tradução.

Os dados nos diagramas que não estão explicitamente marcados com uma fonte não são baseados em estudos, mas são suposições não vinculativas para melhor visualização.

Este livro foi criado usando Inteligência Artificial (IA) e outras ferramentas. Entre outras coisas, foram utilizadas ferramentas para pesquisa, escrita/edição e geração de ilustrações decorativas. Apesar do controle, os erros não podem ser completamente descartados. Gostaríamos de enfatizar que o uso de IA serve como uma ferramenta de suporte para proporcionar aos nossos leitores uma experiência de leitura de alta qualidade e inspiradora.

As referências e citações contidas neste livro foram cuidadosamente pesquisadas e reproduzidas em seu sentido. A interpretação e apresentação do conteúdo citado reflete a visão do autor e não necessariamente corresponde à intenção ou opinião dos autores originais. Em citações contextuais, as principais declarações das fontes originais foram incorporadas ao contexto desta obra de acordo com o melhor conhecimento e consciência, mas podem diferir das formulações e nuances de significado originais devido à transferência e simplificação. Todas as fontes utilizadas estão listadas completamente na bibliografia e podem ser consultadas no original. A responsabilidade pela interpretação e incorporação contextual do conteúdo citado é do autor deste livro. Para questões científicas e informações detalhadas, recomenda-se consultar as fontes originais. O autor se esforçou para apresentar assuntos científicos complexos de forma compreensível. Simplificações e generalizações não podem ser excluídas. Nenhuma garantia pode ser dada quanto à precisão técnica e completude das apresentações simplificadas. A reprodução contextual de citações e descobertas científicas é feita conscienciosamente em conformidade com o direito de citação de acordo com § 51 da Lei de Direitos Autorais e todas as disposições relevantes de direitos autorais de outros países. Na simplificação, transferência e possível tradução de conteúdo científico para uma linguagem geralmente compreensível, nuances de significado e detalhes técnicos podem ser perdidos. O autor não reivindica direitos sobre as obras citadas e respeita todos os direitos autorais dos autores originais. Se for identificado um uso não autorizado, o autor solicita notificação para tomar as medidas apropriadas. Para fins acadêmicos e uso como referência científica, recomenda-se expressamente recorrer às fontes originais. A apresentação simplificada serve exclusivamente para informação científica popular.
As informações contidas neste livro sobre a configuração e manutenção de aquários nano foram cuidadosamente pesquisadas e compiladas da melhor maneira possível. No entanto, não se pode garantir a precisão e a completude das informações. A manutenção de peixes e outros seres aquáticos requer especial cuidado e responsabilidade. Não se assume qualquer responsabilidade por danos ou perdas que possam resultar da aplicação dos métodos e conselhos descritos. Isso se aplica especialmente ao bem-estar dos habitantes do aquário, bem como a danos técnicos e de engenharia hídrica. A aquarística está em constante desenvolvimento. Novas descobertas sobre a manutenção de peixes, química da água e equipamentos técnicos podem fazer com que algumas informações não estejam mais atualizadas no momento da leitura. Os produtos e nomes de marcas mencionados são propriedade dos respectivos detentores de direitos e são utilizados sem garantia de livre utilização. Referências detalhadas a descobertas científicas e estudos podem ser encontradas no apêndice. Este livro não substitui a consultoria especializada de aquaristas experientes ou comerciantes de zoológicos. Para questões específicas sobre a manutenção de peixes, doenças dos habitantes do aquário ou problemas técnicos, é altamente recomendável consultar especialistas adequados.

Bendis Saage

Nanoaquário: Guia Completo de Montagem e Manutenção

Aprenda a criar e manter um aquário miniatura perfeito, desde a escolha do equipamento até o cuidado com peixes e plantas

62 Fontes
45 Diagramas
50 Imagens
7 Ilustrações

Queridos leitores,

agradecemos de coração por terem escolhido este livro. Com a vossa escolha, não só nos deram a vossa confiança, mas também parte do vosso precioso tempo. Agradecemos muito.

Os nano-aquários estão em alta - mas o desafio reside no equilíbrio perfeito desses ecossistemas em miniatura. Pequenos aquários entre 12 e 35 litros exigem conhecimentos especiais na configuração e manutenção. Este manual prático mostra sistematicamente o que realmente importa na criação de aquários nano de água doce e salgada. Passo a passo, todos os aspectos relevantes são abordados: desde a escolha de componentes técnicos adequados até o planejamento de espécies apropriadas e estratégias de cuidados comprovadas. O foco especial está na estabilização do equilíbrio biológico por meio de filtragem otimizada e tratamento da água. Com este guia, a configuração e a manutenção duradoura de um nano-aquário saudável são possíveis - seja como um espetáculo natural relaxante na sala de estar ou como um fascinante mini-recife no escritório. Descubra agora a arte da aquarística em miniatura e crie seu próprio biotopo subaquático perfeitamente funcional!

Este guia fornece informações compreensíveis e práticas sobre um tópico complexo. Graças a ferramentas digitais desenvolvidas internamente que também utilizam redes neurais, pudemos realizar pesquisas extensivas. O conteúdo foi estruturado de forma ideal e desenvolvido até a versão final para fornecer uma visão geral bem fundamentada e facilmente acessível. O resultado: você obtém uma visão abrangente e se beneficia de explicações claras e exemplos ilustrativos. O design visual também foi otimizado por meio deste método avançado para que você possa captar e usar as informações rapidamente.

Nos esforçamos pela máxima precisão, mas agradecemos qualquer indicação de possíveis erros. Visite nosso site para encontrar as últimas correções e adições a este livro. Estas também serão incorporadas em edições futuras.

Esperamos que goste de ler e descubra coisas novas! Se tiver sugestões, críticas ou perguntas, aguardamos seu feedback. Somente através da troca ativa com vocês, leitores, as futuras edições e obras poderão se tornar ainda melhores. Mantenha-se curioso!

Bendis Saage

Saage Media GmbH - Equipe

- www.SaageBooks.com/pt
- support@saagemedia.com
- Spinnereistraße 7 - c/o SpinLab – The HHL Accelerator, 04179 Leipzig, Germany

Acesso rápido ao conhecimento

Para garantir uma experiência de leitura ideal, gostaríamos de familiarizá-lo com as principais características deste livro:

- **Estrutura Modular:** Cada capítulo é independente e pode ser lido separadamente dos outros.
- **Pesquisa Aprofundada:** Todos os capítulos são baseados em pesquisa minuciosa e são apoiados por referências científicas. Os dados mostrados nos diagramas servem para melhor visualização e são baseados em suposições, não nos dados fornecidos nas fontes. Uma lista abrangente de fontes e créditos de imagem pode ser encontrada no apêndice.
- **Terminologia Clara:** Termos técnicos sublinhados são explicados no glossário.
- **Resumos dos Capítulos:** No final de cada capítulo, você encontrará resumos concisos que fornecem uma visão geral dos pontos principais.
- **Recomendações Concretas:** Cada subcapítulo conclui com uma lista de conselhos específicos para ajudá-lo a colocar em prática o que aprendeu.

Materiais bônus adicionais em nosso site

Em nosso site, planejamos disponibilizar os seguintes materiais exclusivos:

- Conteúdo bônus e capítulos adicionais
- Um resumo geral compacto
- Uma versão em radionovela. (Em planejamento)

O site está atualmente em construção.

www.SaageBooks.com/pt/nanoaquario-bonus-BCAMMEV

Índice

1. Equipamento Básico do Nano Aquário

O que é realmente necessário para criar um pequeno paraíso subaquático? Um aquário nano pode ser compacto, mas o equipamento básico certo determina o sucesso ou o fracasso do biotopo em miniatura. Desde a qualidade da água até a iluminação, todos os componentes devem estar perfeitamente ajustados para criar um ecossistema estável. As páginas a seguir revelam quais equipamentos são indispensáveis e onde os compromissos podem ser evitados.

1. 1 Componentes Técnicos

Valores de água estáveis, iluminação ideal e a temperatura correta são essenciais para um nano-aquário próspero. Componentes técnicos assumem essas funções e garantem o bem-estar dos habitantes. No entanto, a seleção e o uso desses componentes apresentam desafios, especialmente no espaço limitado de um mini-tanque. Diferentes tipos de filtros, sistemas de iluminação e métodos de aquecimento oferecem vantagens e desvantagens específicas. Os filtros garantem água limpa e eliminam poluentes, enquanto a iluminação promove o crescimento das plantas e realça as cores dos animais. O controle da temperatura assegura um ambiente estável e minimiza o estresse para os habitantes do aquário. O equilíbrio adequado entre esses fatores é crucial para um ecossistema saudável. Descubra neste capítulo como escolher e utilizar os componentes técnicos adequados para o seu nano-aquário, a fim de criar um mundo em miniatura harmonioso.

A dimensionamento correto dos componentes técnicos é crucial para o equilíbrio e bem-estar no nano-aquário.

Sistemas de Filtragem para Pequenos Aquários

Os sistemas de filtragem em pequenos aquários garantem a qualidade da água e, consequentemente, a saúde dos seres vivos. Eles desempenham funções de filtragem mecânica, biológica e, se necessário, química. A filtração mecânica remove partículas suspensas, enquanto a filtração biológica transforma poluentes como amônio em nitrato menos prejudicial com a ajuda de bactérias [s1]. Essas bactérias se estabelecem em meios filtrantes e formam biofilmes, cuja eficiência depende da oxigenação [s1]. Portanto, um nível adequado de oxigênio é essencial. Uma bomba de aeração, controlada por um relé e sensores de oxigênio dissolvido, pode garantir a oferta ideal de oxigênio [s1]. A filtração química, frequentemente com carvão ativado, remove resíduos de medicamentos ou descolorações. No entanto, os materiais filtrantes químicos convencionais devem ser trocados regularmente [s2]. Uma alternativa sustentável são as Cenósferas revestidas com TiO_2, que reduzem amônio, nitrato e nitrito e podem ser ativadas por luz UV [s2]. Devido à sua estrutura, elas também podem ser removidas e reutilizadas mais facilmente do aquário [s2]. A combinação de cenósferas de TiO_2 com filtros biológicos pode melhorar a qualidade da água de forma comparável ao uso adicional de filtros mecânicos [s2]. Para aquários nano, filtros internos pequenos ou filtros de mochila são especialmente adequados. Estes últimos são pendurados na borda do aquário e oferecem um bom desempenho de filtragem com pouco espaço ocupado no tanque. A escolha do filtro depende do tamanho do tanque e da população. Um filtro muito fraco pode não garantir a qualidade da água adequadamente, enquanto um filtro muito forte pode estressar os pequenos habitantes do aquário.

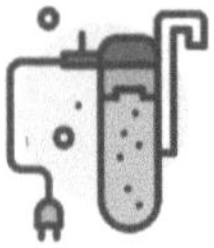

Bom saber

Filtração Mecânica

A filtração mecânica, muitas vezes o primeiro passo no processo de filtragem, remove partículas de sujeira visíveis e contribui para a clareza da água. Ela também protege as brânquias sensíveis dos habitantes do aquário.

Filtros de Mochila

Filtros de mochila são instalados na borda do aquário e oferecem um bom desempenho de filtragem com pouco espaço ocupado no tanque. Eles são uma escolha popular para aquários nano.

Sistemas de Filtragem

Sistemas de filtragem compactos para aquários nano estão disponíveis em várias versões, como filtros internos, externos ou filtros de mochila. Eles são essenciais para manter um ciclo de água saudável.

Comparação de Desempenho do Filtro de Nano Aquário

Vazão vs. Tipo de Filtro

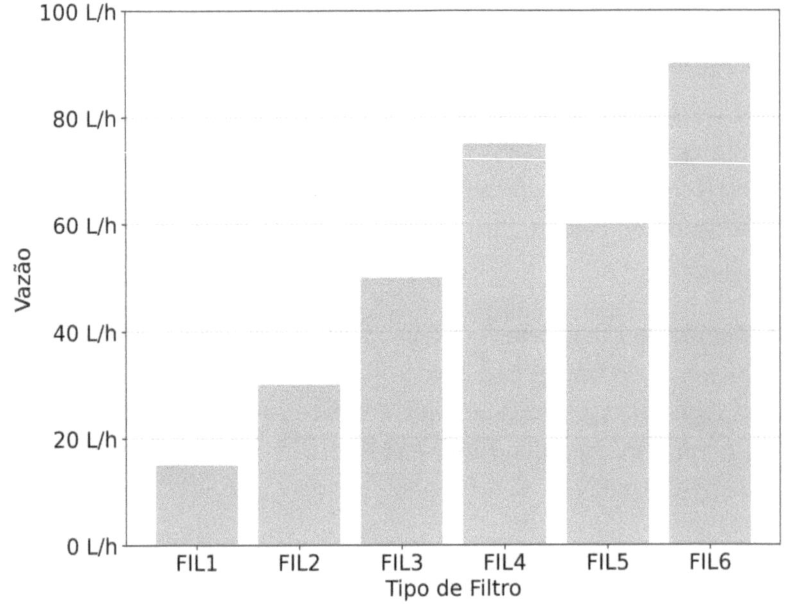

FIL1: Filtro de Esponja Pequeno

FIL2: Filtro de Esponja Grande

FIL3: Mini Filtro Interno de Energia

FIL4: Filtro Interno de Energia Padrão

FIL5: Filtro HOB Pequeno

FIL6: Filtro HOB Médio

Os filtros de esponja geralmente exibem taxas de fluxo mais baixas, tornando-os adequados para habitantes delicados como camarões. Os filtros internos de energia oferecem uma gama mais ampla de taxas de fluxo, atendendo a peixes pequenos e espécies mais ativas. Os filtros hang-on-back fornecem as taxas de fluxo mais altas, adequadas para nano aquários maiores com níveis de estocagem mais altos ou espécies que requerem correntes mais fortes. A escolha do filtro certo depende dos habitantes do aquário e do movimento da água desejado.

Sistemas de iluminação LED

Os sistemas de iluminação LED oferecem vantagens decisivas para aquários nano em comparação com lâmpadas fluorescentes convencionais. Sua construção compacta permite uma colocação flexível e um design individual das condições de luz no aquário. A alta eficiência energética dos LEDs reduz o consumo de energia e o desenvolvimento de calor, o que é especialmente benéfico em volumes de aquário pequenos. Outro ponto positivo é a longa vida útil dos LEDs, o que reduz os custos de manutenção. A possibilidade de ajustar diferentes temperaturas de cor e espectros de luz permite uma adaptação ideal às necessidades dos habitantes do aquário e das plantas. Por exemplo, a luz azul pode promover o crescimento de corais, enquanto a luz vermelha apoia a fotossíntese nas plantas [s3]. Ao escolher a iluminação LED, preste atenção aos valores PAR (Radiação Ativa Fotossinteticamente), que indicam a quantidade de luz utilizável para a fotossíntese. Um valor PAR muito baixo pode inibir o crescimento das plantas, enquanto um valor muito alto pode levar a florescimento de algas. O controle dos LEDs por meio de um temporizador permite simular ciclos naturais de dia e noite, o que contribui para o bem-estar dos habitantes do aquário. Alguns sistemas até oferecem a possibilidade de simular nascer e pôr do sol ou fases de luz da lua. Por exemplo, uma transição suave da "luz da lua" azul para a luz do dia branca pode reduzir o estresse dos peixes e promover o comportamento natural. Ao instalar a iluminação, deve-se garantir que os LEDs estejam distribuídos uniformemente sobre a superfície da água para evitar a formação de sombras e garantir uma iluminação ideal de todo o aquário. Além disso, a intensidade da luz deve ser ajustada às necessidades das plantas e animais específicos. Para um aquário nano densamente plantado com espécies exigentes, é necessária uma intensidade de luz maior do que para um aquário com poucas plantas robustas. Através do controle direcionado da cor e intensidade da luz, a estética do aquário pode ser personalizada e a beleza das cores dos peixes e plantas pode ser destacada. Deve-se considerar que diferentes comprimentos de onda de luz podem influenciar o crescimento e o desenvolvimento dos habitantes do aquário. Por exemplo, certos comprimentos de onda podem influenciar positivamente as taxas de eclosão e sobrevivência das larvas [s3]. Ao considerar esses fatores, os sistemas de iluminação LED podem criar um ambiente ideal para os habitantes do aquário nano. A combinação de flexibilidade, eficiência energética, durabilidade e diversas opções de controle torna a iluminação LED a escolha ideal para aquários nano.

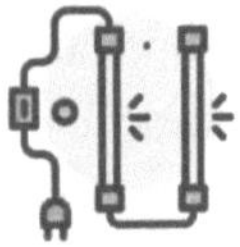

Fotossíntese [i1]

Bom saber

Temporizador

Um temporizador controla a duração da iluminação e simula o ritmo dia-noite, o que é importante para o bem-estar dos habitantes do aquário. Alguns temporizadores podem até simular nascer e pôr do sol.

Valor PAR

O valor PAR indica quanta luz está disponível para a fotossíntese das plantas. Um valor PAR adequado é essencial para um crescimento saudável das plantas no aquário nano.

Intensidade da Luz LED do Nano Aquário

Ciclo de luz diário simulado para um nano aquário.

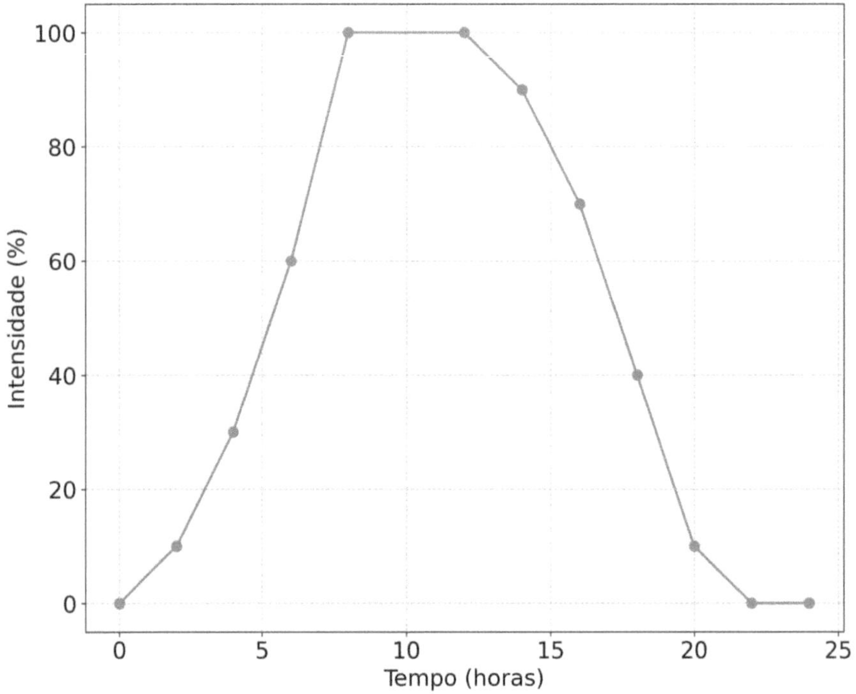

O gráfico ilustra um aumento gradual na intensidade da luz, simulando o nascer do sol, atingindo um pico ao meio-dia, seguido por uma diminuição gradual imitando o pôr do sol. Este ciclo promove o crescimento saudável das plantas e imita os padrões de luz natural benéficos para os habitantes do aquário.

Aquecimento e controle de temperatura

O controle de temperatura no nano-aquário é crucial para o bem-estar dos habitantes do aquário. Peixes, invertebrados e plantas têm exigências específicas de temperatura, que são importantes para seu crescimento, saúde e reprodução. Variações, especialmente mudanças abruptas de temperatura, podem causar estresse e aumentar a suscetibilidade a doenças. Para o aquecimento, geralmente são utilizados aquecedores reguláveis, que mantêm a temperatura desejada constante por meio de um termostato. Ao escolher a resistência, preste atenção à potência adequada, que deve ser baseada no volume do aquário. Um aquecedor muito fraco pode não aumentar a temperatura de forma suficiente, enquanto um aquecedor muito forte pode causar flutuações indesejadas de temperatura. A colocação da resistência deve ser feita de modo que o calor seja distribuído uniformemente no tanque. Perto da saída do filtro, a distribuição de calor é geralmente ideal. Além do aquecimento, a refrigeração também desempenha um papel importante no verão. Em altas temperaturas ambiente, a temperatura da água no nano-aquário pode subir rapidamente. Soluções como ventiladores, que sopram sobre a superfície da água e reduzem a temperatura por meio da evaporação, podem ajudar. Para um controle preciso da temperatura no aquário, semelhante a sistemas microfluídicos, que requerem controle de temperatura exato para processos como a reação em cadeia da polimerase [s4], recomenda-se o uso de um termômetro. Termômetros digitais com função de alarme oferecem a vantagem de alertar o aquarista quando os limites configurados são ultrapassados ou não alcançados. Assim, medidas podem ser tomadas a tempo para manter a temperatura na faixa ideal. Mesmo em pequena escala, diversas técnicas de controle de temperatura, conhecidas de outras áreas, podem ser encontradas. Embora o aquecimento Joule [s5] não seja prático para nano-aquários, ilustra o princípio do controle preciso de temperatura por meio da condutividade elétrica. As

descobertas sobre a importância de condições de temperatura precisas e estáveis em sistemas microfluídicos [s5] também podem ser aplicadas à aquarística. Um ambiente de temperatura estável é essencial para o equilíbrio biológico e minimiza o estresse para os habitantes do aquário.

Bom saber

Aquecimento Joule

O aquecimento Joule é um princípio físico onde a energia elétrica é convertida em calor quando a corrente passa por um condutor. Embora não seja prático para nano-aquários, ilustra a possibilidade de controle preciso de temperatura por meio da condutividade elétrica.

Reação em cadeia da polimerase

A reação em cadeia da polimerase (PCR) é um método para amplificar DNA. É frequentemente utilizada em biologia molecular e requer um controle preciso de temperatura, que muitas vezes é realizado em sistemas microfluídicos.

Sistemas microfluídicos

Sistemas microfluídicos são estruturas minúsculas onde líquidos são manipulados em um espaço muito pequeno. Eles requerem um controle preciso de temperatura, semelhante aos nano-aquários, para garantir condições ideais para processos biológicos ou químicos.

Termômetros digitais

Termômetros digitais exibem a temperatura eletronicamente. Alguns modelos para aquários possuem uma função de alarme que avisa o aquarista quando a temperatura está fora da faixa configurada.

Temperatura e Consumo de Energia do Nano Aquário

Estabilidade da temperatura e uso de energia ao longo de um dia.

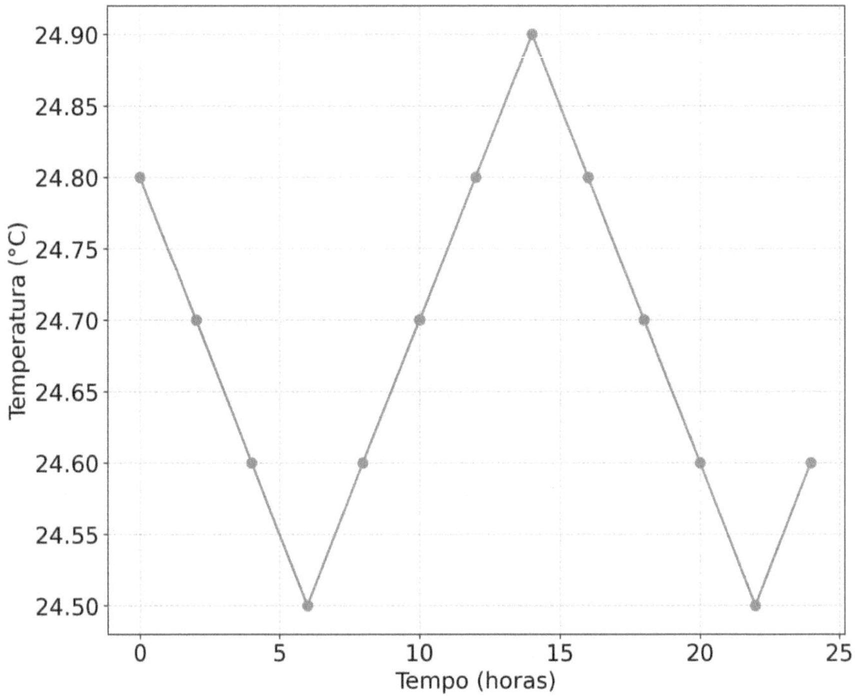

O gráfico mostra uma temperatura estável mantida dentro de uma faixa estreita, sugerindo um controle eficaz do aquecedor. Os ligeiros picos de energia correspondem à ativação do aquecedor, indicando um aquecimento eficiente e sob demanda. O baixo consumo geral de energia reflete o pequeno volume de um nano aquário.

Conselhos concretos

- Integrar a resistência de aquecimento diretamente na saída do filtro para garantir uma distribuição uniforme do calor e economizar espaço.
- Utilize um ventilador pequeno regulável para reduzir a temperatura da água no verão e, ao mesmo tempo, aumentar a oxigenação.
- Instale um timer para o filtro, criando períodos de descanso noturno para os habitantes do aquário e reduzindo o consumo de energia.
- Coloque refletores ao redor das luzes LED para maximizar a eficiência luminosa e promover o crescimento das plantas.
- Use um sensor de temperatura externo para medir a temperatura da água com precisão e controlar a resistência de aquecimento de forma ideal.
- Utilize um pequeno removedor de superfície para aspirar o biofilme na superfície da água e melhorar a absorção de oxigênio.
- Combine um pequeno filtro interno com um elevador de ar para aumentar a eficiência do filtro e, ao mesmo tempo, criar uma corrente suave.
- Utilize tubos transparentes para o filtro e o elevador de ar, integrando visualmente a tecnologia no aquário.
- Fixe o filtro com ventosas na parede de trás para economizar espaço no tanque e permitir uma visão clara.
- Escolha mídias filtrantes com diferentes porosidades para remover efetivamente tanto partículas de sujeira grossas quanto finas.
- Substitua parte do material filtrante por rocha vulcânica porosa para aumentar a área de colonização para bactérias benéficas.

1. 2 Materiais de Decoração

Os materiais de instalação formam a base de qualquer nano-aquário. O substrato, a decoração e as plantas influenciam significativamente a qualidade da água, o crescimento das plantas e o bem-estar dos habitantes do aquário. A escolha dos materiais adequados e sua disposição apresenta desafios específicos para os aquaristas no espaço limitado de um mini-tanque. Reações químicas, propriedades de crescimento e as necessidades dos animais devem ser cuidadosamente coordenadas. Descubra neste capítulo como criar o ambiente ideal para o seu mundo subaquático.

A escolha do substrato no nano-aquário é crucial, pois não apenas forma a base para as plantas, mas também influencia a qualidade da água e todo o ecossistema.

Substrato e substratos

Substrato e substratos formam a base da vida no nano-aquário e influenciam significativamente a qualidade da água e o crescimento das plantas. A escolha do material adequado é, portanto, crucial para um ecossistema funcional. Os substratos não servem apenas como ancoragem para plantas aquáticas, mas também oferecem habitat para microorganismos benéficos que contribuem para a decomposição de poluentes [s6]. Essas bactérias desempenham um papel importante no ciclo do nitrogênio, convertendo amônio e nitrito em nitrato menos prejudicial. Um substrato poroso promove a colonização desses microorganismos e garante um suprimento ideal de oxigênio para as raízes. A granulometria do substrato influencia a permeabilidade e deve ser ajustada às necessidades das espécies plantadas. Substratos de grão fino são adequados para plantas de crescimento denso com raízes finas, enquanto substratos de grão grosso são vantajosos para plantas com raízes mais robustas. As propriedades químicas do substrato influenciam os parâmetros da água e a disponibilidade de nutrientes para as plantas [s6]. O pH do substrato pode acidificar ou alcalinizar a água no aquário. Para a maioria das plantas aquáticas, um pH levemente ácido a neutro é ideal. Alguns substratos, como certos tipos de rochas, podem influenciar a dureza da água. Portanto, é aconselhável monitorar regularmente os parâmetros da água e ajustá-los conforme necessário. A composição de nutrientes do substrato também desempenha um papel importante no crescimento das plantas. Alguns substratos contêm nutrientes naturalmente, enquanto outros são inertes e precisam ser fertilizados adicionalmente. Fertilizantes de liberação lenta, que são incorporados ao substrato, podem garantir um suprimento contínuo de nutrientes. Além dos clássicos cascalhos e areias para aquários, existem também substratos alternativos que podem ser utilizados no nano-aquário. Assim, por exemplo, substratos de solo, desenvolvidos especificamente para aquários, podem estabilizar os parâmetros da água e promover o crescimento das plantas [s6]. Esses substratos são frequentemente enriquecidos com nutrientes e podem reduzir a necessidade de fertilização adicional. Substratos inertes, como rocha vulcânica ou argila expandida, também podem ser utilizados no nano-aquário. Esses materiais oferecem uma boa superfície para a colonização de bactérias e influenciam pouco os parâmetros da água. Ao escolher um substrato inerte, deve-se garantir que ele não libere substâncias nocivas para a água. A espessura da camada de substrato deve ser ajustada ao tamanho do aquário e às necessidades das plantas. Em um nano-aquário, uma camada de 3-5 cm geralmente é suficiente. Uma camada muito espessa pode levar à falta de oxigênio no substrato e favorecer o desenvolvimento de processos de decomposição. Antes de ser introduzido no aquário, o substrato deve ser lavado cuidadosamente para remover poeira e outras impurezas. Isso evita a turbidez da água e reduz a carga de substâncias indesejadas. A escolha do substrato e do substrato adequado é um fator importante para o sucesso de um nano-aquário. Considerando os aspectos mencionados acima, pode-se criar um ecossistema saudável e estável, onde plantas e animais prosperam de forma ideal [s6]. Os aspectos ambientais na escolha do substrato também estão se tornando cada vez mais relevantes na aquarística. Alternativas sustentáveis e ecológicas a materiais convencionais estão ganhando importância [s6].

Bom saber

inertes

Substratos inertes no nano-aquário, como rocha vulcânica ou argila expandida, não liberam substâncias para a água e não alteram os parâmetros da água. Eles oferecem uma superfície para a colonização de bactérias, mas não influenciam a disponibilidade de nutrientes para as plantas.

pH

O pH indica quão ácido ou alcalino é a água no nano-aquário. Um pH neutro é 7, valores abaixo são ácidos e acima são alcalinos. A maioria das plantas e animais de aquário prefere um pH levemente ácido a neutro. O substrato pode influenciar o pH.

Substratos de Solo

Substratos de solo são substratos desenvolvidos especificamente para aquários, frequentemente enriquecidos com nutrientes e que promovem o crescimento das plantas. Eles podem estabilizar os parâmetros da água e reduzir a necessidade de fertilização adicional. No nano-aquário, são populares devido às suas propriedades positivas.

Distribuição do Tamanho de Grãos do Substrato

Distribuição do tamanho de grãos de diferentes substratos

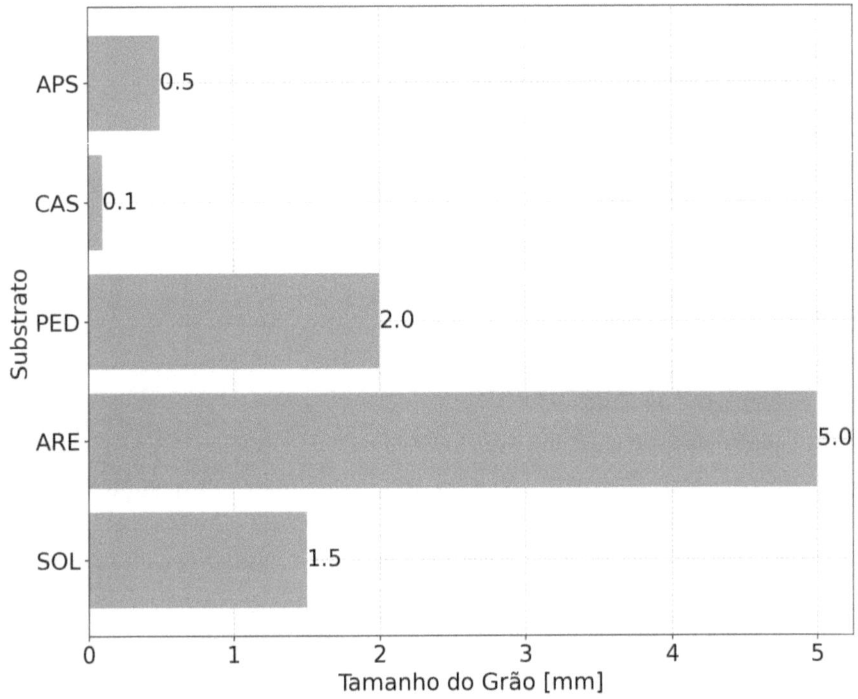

APS: Solo para Plantas de Aquário
CAS: Cascalho Grosso
SOL: Solo
ARE: Areia Fina
PED: Cascalho

O gráfico de barras horizontais visualiza a distribuição do tamanho de grãos de diferentes substratos. Areia fina e solo apresentam os menores tamanhos de grãos, enquanto cascalho e cascalho grosso têm grãos significativamente maiores. Isso afeta a permeabilidade e a adequação para diferentes espécies de plantas e animais.

Elementos de design decorativo

Elementos de design decorativo no aquário nano oferecem amplas possibilidades para moldar o mundo subaquático de acordo com as preferências individuais e proporcionar aos animais um habitat próximo da natureza. É importante equilibrar estética e funcionalidade. Diferentes materiais estão disponíveis, cada um com propriedades e efeitos específicos sobre o ambiente do aquário. Madeiras, pedras e decorações artificiais criam estrutura e oferecem esconderijos para os habitantes do aquário. Um galho coberto de musgos pode não apenas servir como um ponto focal, mas também como um refúgio para camarões. A escolha dos materiais deve ser adaptada às necessidades das espécies mantidas. A disposição dos elementos de design influencia a percepção espacial e pode criar a ilusão de profundidade e amplitude. Com a colocação habilidosa de pedras e madeiras, é possível criar paisagens variadas que oferecem diferentes habitats para os animais. É importante manter um design equilibrado que inclua áreas de natação abertas e áreas protegidas. O design da parede de fundo também pode contribuir para a ampliação óptica do espaço. Uma parede de fundo escura faz o aquário parecer mais profundo, enquanto uma parede de fundo clara aumenta visualmente o espaço. [s7] Além da pura decoração, os elementos de design também desempenham funções importantes no aquário. Eles oferecem proteção aos animais contra predadores e estresse, servem como locais de desova e podem influenciar quimicamente a água. Certos tipos de rochas podem aumentar a dureza da água, enquanto madeiras liberam ácidos húmicos, que reduzem o phwert e colorem a água levemente marrom. Esses efeitos podem ser utilizados de forma direcionada para ajustar os parâmetros da água às necessidades das espécies mantidas. No entanto, é importante conhecer os impactos dos materiais utilizados na química da água e monitorá-los regularmente. [s7] A integração de plantas na decoração é outro aspecto importante do design de aquários. As plantas não apenas contribuem para a produção de oxigênio, mas também oferecem alimento e esconderijos para os animais. Elas podem ser fixadas em madeiras e pedras ou plantadas diretamente no substrato. É importante considerar as diferentes necessidades das espécies de plantas para garantir um crescimento ideal. A combinação de diferentes espécies e formas de plantas cria uma imagem variada e natural. [s8] Na escolha e disposição dos elementos de design, princípios estéticos também devem ser considerados. O uso de contrastes, proporções e simetrias pode intensificar o impacto visual do aquário. Uma paleta de cores harmoniosa também contribui para a estética. Por exemplo, pedras avermelhadas com plantas verdes podem formar um contraste atraente. O uso de diferentes texturas também pode aumentar a diversidade visual. No entanto, o design do aquário deve sempre estar em harmonia com as necessidades dos animais e proporcionar um ambiente adequado. [s9] A manutenção dos elementos de decoração também é um aspecto importante. Madeiras e pedras devem ser regularmente verificadas quanto ao crescimento de algas e sujeira e, se necessário, limpas. Decorações artificiais podem ser enxaguadas com uma escova macia ou mangueira. Durante a limpeza, não devem ser utilizados produtos de limpeza agressivos, pois podem prejudicar a água do aquário e os animais. A manutenção regular dos elementos de decoração contribui para a preservação da qualidade da água e o bem-estar dos habitantes do aquário.

Musgo [i2]

planta de aquário [i3]

Materiais de Decoração para Nano Aquários

Distribuição de materiais de decoração em nano aquários.

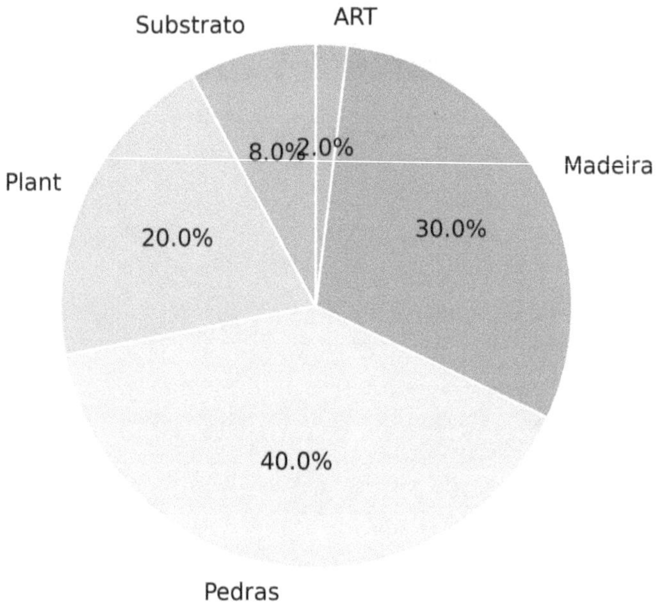

ART: Decoração Artificial (Enfeites)

Madeira: Madeira (Troncos, Galhos)

Pedras: Pedras (Rochas, Pedra)

Plant: Plantas (Vivas ou Artificiais)

Substrato: Substrato (Cascalho, Areia)

Os dados revelam uma preferência por paisagens aquáticas de aparência natural em nano aquários. Pedras formam a base, oferecendo estrutura e esconderijos. Madeira adiciona uma estética naturalista e benefícios biológicos. Plantas contribuem para a qualidade da água e apelo visual. Embora o substrato forneça uma base para o plantio e contraste visual, ele ocupa uma proporção menor devido ao espaço limitado em uma configuração nano. O uso mínimo de decoração artificial sugere um foco na replicação do biótopo ou uma filosofia de design minimalista.

Plantas aquáticas para mini aquários

As plantas aquáticas desempenham diversas funções no mini aquário, que vão além da mera decoração. Elas contribuem para a estabilização do ecossistema, absorvendo nutrientes e produzindo oxigênio. A escolha das espécies adequadas depende das condições do aquário e das necessidades dos outros habitantes. A lentilha d'água (*Lemna* sp.), por exemplo, absorve nutrientes de forma eficiente e serve até como alimento para algumas espécies de peixes [s10]. Outras espécies, como *C. asiatica*, podem até reduzir amônia e, assim, melhorar a qualidade da água [s11]. A capacidade de certas plantas de absorver poluentes pode ser utilizada para a fitorremediação. Algumas espécies de plantas aquáticas podem até filtrar microplásticos da água, sendo a quantidade de adsorção dependente da concentração e do tempo de exposição [s12]. Ao escolher as plantas, é importante considerar seu comportamento de crescimento. Espécies de crescimento rápido, como a samambaia d'água (*Azolla* sp.), podem cobrir a superfície da água rapidamente, reduzindo a incidência de luz [s10]. Isso pode ter efeitos indesejados sobre outras plantas e a oxigenação da água. Portanto, a desbaste regular, comparável ao corte de plantas no jardim, é essencial para manter um equilíbrio no mini aquário. A integração de plantas aquáticas não é apenas esteticamente valiosa, mas também uma maneira econômica e ecológica de melhorar a qualidade da água e criar um habitat saudável para os habitantes do aquário [s10]. Considerar as características individuais das diferentes espécies de plantas é essencial para um mini aquário funcional e atraente. A diversidade dentro de um gênero, como em *Cryptocoryne*, pode dificultar a identificação, mas ao mesmo tempo oferece uma ampla gama de formas e cores para a decoração [s13]. A semelhança genética dentro desse gênero, visível em estruturas plastomais conservadas, sugere exigências de cuidados semelhantes [s13]. A análise de microssatélites pode fornecer informações sobre a

diversidade genética e ajudar na escolha de plantas adequadas para condições específicas no mini aquário [s13]. A adaptabilidade das plantas aquáticas a habitats aquáticos também se reflete na edição de RNA e na seleção positiva de certos genes [s13]. Esse conhecimento pode ajudar a criar as condições ideais para as plantas selecionadas no mini aquário, promovendo seu crescimento e seu impacto positivo no ecossistema.

Bom saber

Amônia
Uma substância tóxica que se forma no aquário devido às excreções dos peixes. As plantas podem ajudar a degradar a amônia.

Fitorremediação
O uso de plantas para remover poluentes da água no aquário, por exemplo, através da absorção pelas plantas ou pela degradação dos poluentes pelas plantas.

Estruturas plastomais
Estruturas nos cloroplastos das plantas, que são importantes para a fotossíntese e podem ser usadas para determinar a relação entre espécies de plantas.

Seleção positiva
Um processo de seleção natural, onde genes vantajosos que promovem a adaptação ao ambiente se tornam mais frequentes em uma população.

Alturas de crescimento de plantas aquáticas

Plantas ideais para nanoaquários

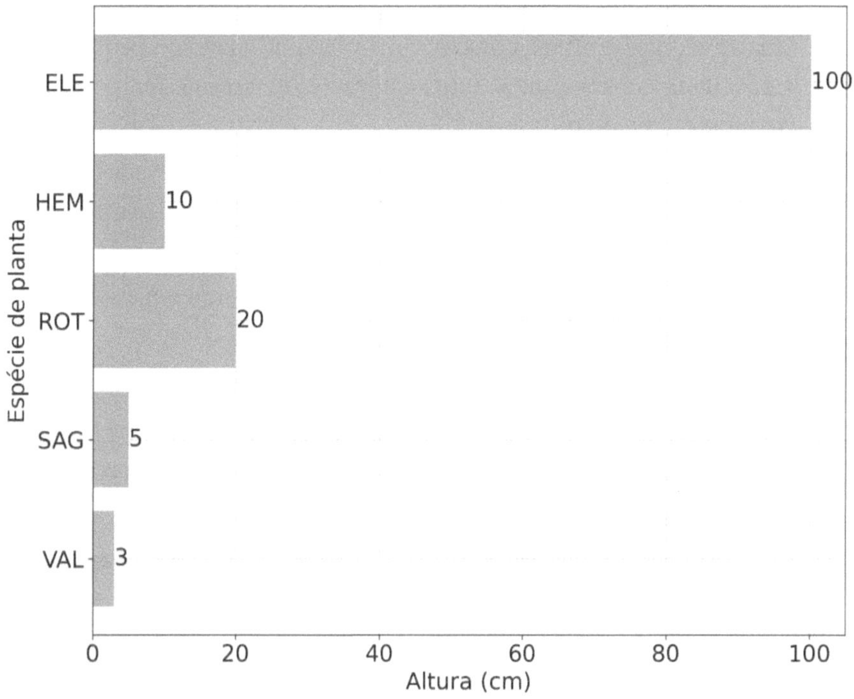

ELE: Eleocharis sp. Mini

HEM: Hemianthus callitrichoides 'Cuba'

ROT: Rotala rotundifolia

SAG: Sagittaria subulata

VAL: Vallisneria gigantea

O gráfico de barras horizontal visualiza as alturas de crescimento de diferentes espécies de plantas aquáticas. Mostra claramente que Eleocharis sp. Mini e Hemianthus callitrichoides 'Cuba' são ideais para nanoaquários devido à sua menor altura, enquanto Vallisneria gigantea não é adequada para tais aquários devido à sua altura.

Conselhos concretos

- Decore a parede de fundo do seu nano-aquário com placas de ardósia para obter uma aparência natural e oferecer aos peixes mais oportunidades de escalada.
- Utilize pequenos tubos de barro como esconderijos para camarões e alevinos e plante-os com musgos.
- Amarre plantas epífitas, como a samambaia de Java, em pequenas pedras de lava para criar acentos naturais e, ao mesmo tempo, expandir a área de filtragem.
- Crie uma pequena caverna com seixos achatados empilhados, proporcionando um local seguro para os habitantes do aquário se refugiarem.
- Use uma raiz curva como elemento central de design e plante-a com diferentes musgos e plantas epífitas.
- Integre uma pequena metade de casca de coco como esconderijo e plante a borda com plantas aquáticas de pequeno porte.
- Crie uma mini paisagem com pequenas pedras arredondadas e areia em uma plataforma elevada dentro do aquário.
- Utilize pedras planas para criar diferentes níveis no aquário, aumentando assim a área utilizável para plantas e animais.
- Prenda plantas aquáticas de pequeno porte com um fino fio de nylon transparente em raízes ou pedras, imitando um crescimento natural.
- Crie uma pequena "ilha de plantas" com um pedaço de cortiça coberto de musgo que flutua na superfície da água.
- Use uma tigela rasa com cascalho de aquário para criar uma pequena praia na parte frontal do aquário.

1. 3 Tratamento de Água

No aquário nano, os parâmetros da água flutuam rapidamente e influenciam o delicado ecossistema. Parâmetros estáveis como pH, temperatura, dureza e a concentração de amônia, oxigênio e minerais são cruciais para o bem-estar dos habitantes. Erros na preparação da água podem levar a deficiências, doenças e, no pior dos casos, à perda dos animais. A preparação adequada da água no aquário nano, portanto, requer um entendimento sólido dos processos químicos e das necessidades das espécies em questão. Tanto a escolha da fonte de água quanto o uso de agentes de tratamento adequados desempenham um papel importante. Descubra neste capítulo como otimizar a qualidade da água em seu aquário nano e, assim, criar a base para um biotopo em miniatura próspero.

Especialmente em aquários nano, o tratamento da água com produtos adequados, além do controle regular dos parâmetros da água, é essencial para um ecossistema estável e saudável.

Parâmetros da água em nano aquários

Os parâmetros da água em nano aquários estão sujeitos a constantes flutuações e, portanto, requerem monitoramento regular. Especialmente parâmetros como Alcalinidade, pH, temperatura, dureza, Amônia (NH_3/NH_4^+), oxigênio dissolvido, salinidade e Condutividade devem ser monitorados [s14]. Um pH estável é importante para o bem-estar dos habitantes do aquário. Valores entre 6,8 e 8,5 são recomendados [s15]. A temperatura não apenas influencia os processos vitais dos animais, mas também processos químicos como a solubilidade de gases e a toxicidade da amônia [s16]. Um aquário com peixes tropicais, por exemplo, requer uma temperatura entre 24 e 30°C [s15]. A alcalinidade influencia a estabilidade do pH e a eficiência da filtração biológica. Deve estar entre 50 e 150 mg/L de $CaCO_3$ [s16]. A dureza da água, medida em $CaCO_3$, é relevante para diversos processos fisiológicos dos habitantes do aquário e pode ser regulada por aditivos minerais [s16]. A salinidade também influencia o equilíbrio osmótico dos animais e deve ser mantida em uma faixa ideal para garantir crescimento e reprodução [s16]. A amônia, um produto de resíduos tóxicos, deve ser monitorada em sistemas fechados. A filtração biológica converte a amônia em formas menos tóxicas [s16]. Em um sistema recém-instalado, o biofiltro deve ser estabelecido para degradar a amônia de forma eficaz [s17]. O teor de oxigênio dissolvido também é crucial para a respiração dos animais. Para peixes de água quente, recomenda-se um mínimo de 4 mg/L [s16]. Na prática, isso pode ser garantido por meio de movimento de superfície adequado ou pelo uso de uma bomba de aeração. Os parâmetros ideais da água em um sistema maduro são $NH_3/NH_4^+ = 0$ ppm, $NO_2^- < 1$ ppm, $NO_3^- < 40$ ppm e uma alcalinidade > 40 ppm [s17]. Controles semanais da qualidade da água, especialmente em aquários bem estabelecidos, são recomendados [s17]. O tratamento da água pode ser realizado por meio de osmose reversa, seguido pela adição de sal marinho e bicarbonato de sódio para regular a condutividade e o pH [s17]. A água da torneira deve ser desclorada antes do uso, pois o cloro é prejudicial aos peixes. Isso pode ser alcançado deixando a água em repouso por pelo menos 48 horas [s14]. A manutenção do filtro e a troca regular de mídias filtrantes garantem uma circulação e qualidade da água ideais [s14]. A superalimentação aumenta os níveis de nitrato e pode afetar negativamente os peixes [s14]. Em um pequeno aquário com um ecossistema sensível, essas medidas são especialmente importantes. As trocas parciais de água regulares também desempenham um papel na estabilização dos parâmetros da água.

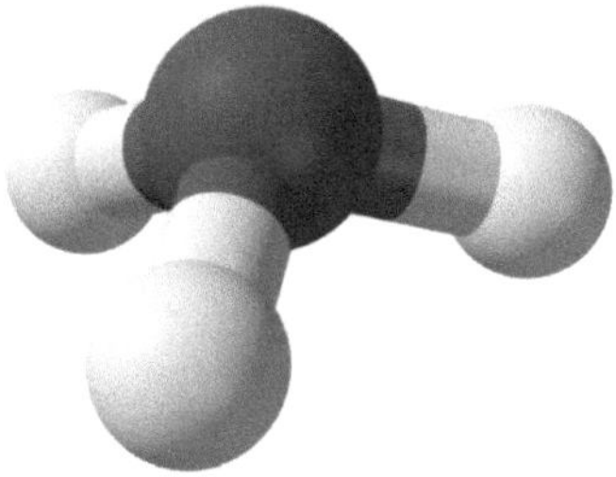

Amônia [i4]

Bom saber

Alcalinidade

A alcalinidade no nano-aquário tamponiza o pH e evita flutuações acentuadas que podem prejudicar os peixes. É determinada pela concentração de bicarbonatos, carbonatos e hidróxidos.

Biofiltro

O biofiltro abriga bactérias benéficas que convertem poluentes como amônia e nitrito em nitratos menos prejudiciais. Um biofiltro bem funcional é essencial para um nano-aquário saudável.

Condutividade

A condutividade indica quão bem a água no nano-aquário conduz eletricidade. É uma medida do teor de sais dissolvidos e minerais e pode ser usada para monitorar a qualidade da água.

Osmose Reversa

A osmose reversa é um processo de tratamento de água que filtra substâncias indesejadas da água usando pressão. Assim, obtém-se água pura para o nano-aquário, à qual minerais podem ser adicionados de forma controlada.

Parâmetros da Água do Nano Aquário

Relação entre pH, temperatura e dureza em um nano aquário.

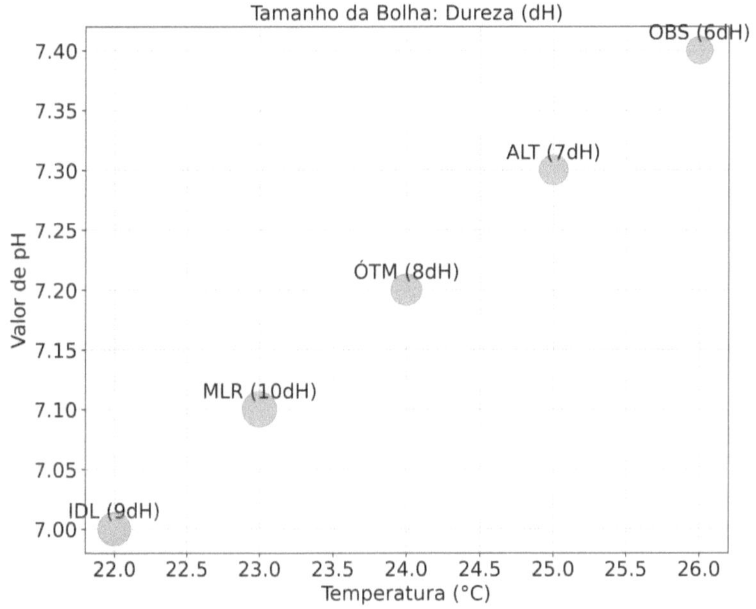

Blasengröße: Dureza (dH)

ALT: pH Ligeiramente Alto

MLR: Melhor Faixa

ÓTM: Faixa Ótima

IDL: Ideal para Alguns

OBS: Monitorar de Perto

O gráfico revela uma potencial correlação entre temperatura e pH, onde temperaturas mais altas parecem corresponder a níveis de pH ligeiramente elevados. Além disso, a dureza parece relativamente estável na faixa de temperatura observada, sugerindo influência mínima das flutuações de temperatura. As bolhas maiores indicam combinações específicas de parâmetros onde a manutenção bem-sucedida dos peixes é mais provável, enquanto bolhas menores podem representar condições menos ideais.

Minerais e Oligoelementos

Minerais e oligoelementos são essenciais para um nano-aquário funcional, pois não apenas influenciam quimicamente a água, mas também afetam diretamente a saúde dos habitantes do aquário. umkehrosmose, um método comum de tratamento de água, remove substâncias indesejadas, mas também minerais importantes [s18]. Essa falta de minerais pode levar a problemas, como a absorção prejudicada de nutrientes por peixes e invertebrados. Um exemplo disso é a desmineralização de ossos e dentes, que pode ser favorecida por água com baixo teor mineral [s18]. Portanto, uma remineralização da água após o tratamento por osmose reversa é necessária para repor os minerais ausentes [s18]. Isso pode ser feito através de aditivos minerais especiais, que são ajustados às necessidades dos habitantes do aquário. Além dos principais minerais, como cálcio e magnésio, os oligoelementos também desempenham um papel importante. O estrôncio, por exemplo, promove comprovadamente a formação óssea em certas espécies de peixes [s19], melhorando a estabilidade do esqueleto e aumentando a resistência a doenças. O iodo, que é enriquecido por algumas algas marinhas [s20], é vital para muitos organismos e deve estar presente na dosagem correta. Uma oferta equilibrada de minerais e oligoelementos contribui significativamente para o sucesso a longo prazo do nano-aquário. Através de testes regulares da água e fornecimento direcionado de nutrientes, é possível evitar deficiências e criar condições ideais para os habitantes do aquário. Uma água bem mineralizada não apenas oferece uma base estável para o ecossistema, mas também apoia a vitalidade e o crescimento saudável dos animais e plantas.

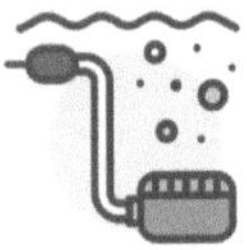

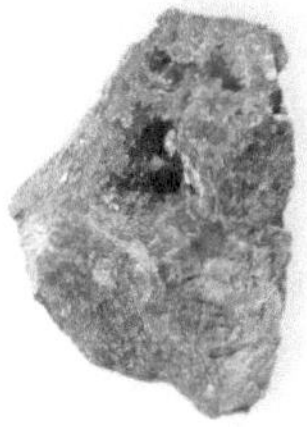

Estrôncio [i5]

esqueleto de peixe [i6]

Bom saber

Oligoelementos

Elementos que são necessários em quantidades muito pequenas, mas que são vitais para a saúde e o crescimento dos habitantes do aquário. Eles desempenham um papel em processos metabólicos e na função imunológica.

Re-mineralização

A adição de minerais à água que foi despojada de minerais por processos como osmose reversa. Isso é importante para criar a química da água adequada para o nano-aquário e garantir o bem-estar dos habitantes do aquário.

Concentração Mineral na Água do Nano Aquário

Níveis Minerais Ideais vs. Medidos

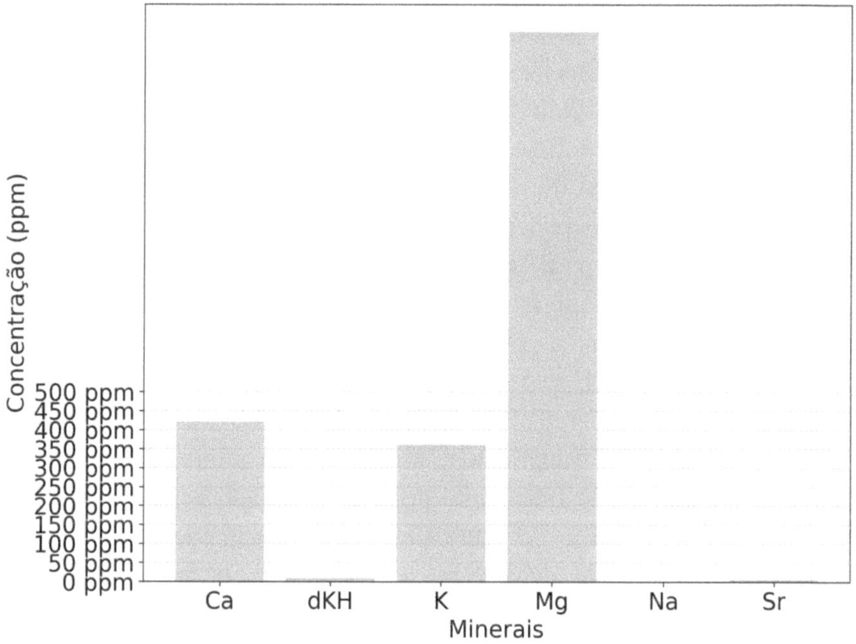

Ca: Cálcio

dKH: Dureza de Carbonatos

K: Potássio

Mg: Magnésio

Na: Sódio

Sr: Estrôncio

Este gráfico destaca os desequilíbrios potenciais no conteúdo mineral do nano aquário. O magnésio elevado sugere o uso de uma mistura de sal rica em magnésio ou suplementação. Embora o cálcio esteja dentro da faixa ideal, os níveis significativamente mais baixos de estrôncio e potássio podem impactar o crescimento do coral e os processos biológicos em geral. Investigações e ajustes adicionais são recomendados para atingir um perfil mineral equilibrado.

Tratamento de água

Os tratamentos de água no nano-aquário servem para ajustar a água às necessidades dos habitantes e, assim, contribuem decisivamente para a estabilidade do sensível ecossistema. Além da remineralisierung da água tratada por osmose reversa, eles desempenham outras funções importantes, incluindo a neutralização de substâncias nocivas. O cloro na água da torneira, por exemplo, prejudicial para muitos habitantes do aquário, pode ser removido de forma confiável por meio de produtos adequados. Além disso, os tratamentos de água também podem reduzir substâncias orgânicas nocivas que podem se acumular no aquário. A ozonização, um método eficaz para eliminar tais substâncias traço, é mais comumente aplicada em instalações maiores, mas ilustra o potencial dos métodos modernos. O controle da carga bacteriana também desempenha um papel, especialmente na fase de ciclagem ou após a introdução de novos animais. Aqui, são utilizados produtos especiais que reduzem a carga bacteriana e, assim, podem minimizar o risco de infecções. A escolha do tratamento de água adequado depende de vários fatores, incluindo o tipo de fonte de água utilizada (água da torneira, água de osmose), a densidade de ocupação e as necessidades específicas das espécies mantidas. Para um nano-aquário plantado com camarões sensíveis, por exemplo, são adequados produtos especiais que neutralizam o cloro, ligam metais pesados e adicionam elementos traço importantes. Em um aquário com espécies de peixes mais robustas, o foco pode estar na remoção de substâncias orgânicas nocivas e na estabilização do pH.

É importante seguir rigorosamente as instruções de dosagem do fabricante para evitar uma superdosagem e os efeitos negativos associados ao ambiente do aquário. Testes regulares da água ajudam a verificar o sucesso das medidas e a fazer ajustes, se necessário. O uso direcionado de tratamentos de água, combinado com a manutenção regular da água e um sistema de filtragem funcional, forma assim a base para um nano-aquário saudável e estável.

Bom saber

Instruções de dosagem

A quantidade recomendada de tratamento de água pelo fabricante, que deve ser utilizada de acordo com o tamanho do aquário e os valores da água.

Substâncias orgânicas nocivas

Produtos de decomposição de plantas e animais, bem como restos de alimentos, que se acumulam no aquário e podem prejudicar a qualidade da água.

Superdosagem

O uso de uma quantidade excessiva de tratamento de água, que pode ter efeitos negativos no ambiente do aquário e nos habitantes.

Aditivos para Tratamento de Água em Nano Aquários

Distribuição típica de aditivos para tratamento de água em nano aquários.

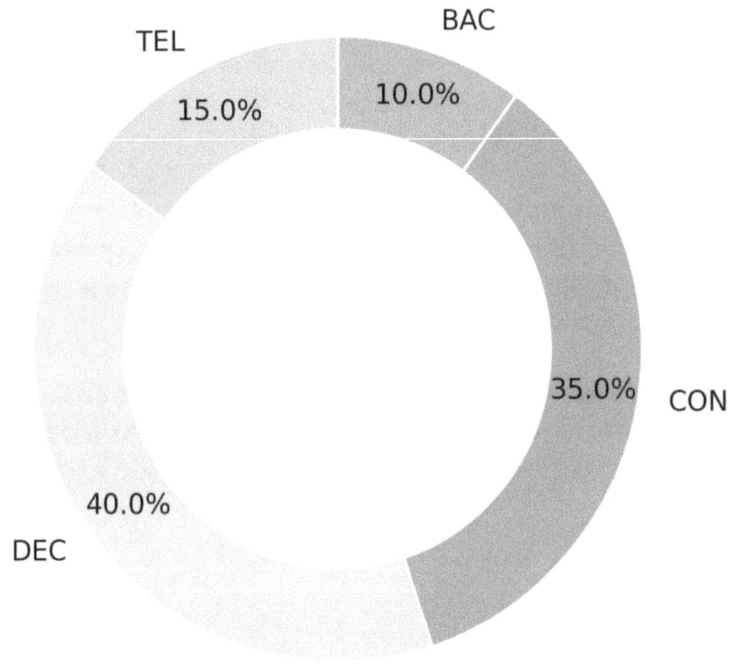

BAC: Bactérias Benéficas
CON: Condicionador de Água
DEC: Decloração
TEL: Oligoelementos

O maior segmento representa o declorador essencial, vital para remover o cloro prejudicial. A porção significativa dedicada aos condicionadores de água sugere uma ênfase no ajuste dos parâmetros da água para habitantes sensíveis do nano aquário. Embora menores, os aditivos de oligoelementos e bactérias especializadas desempenham papéis cruciais na manutenção de um ecossistema nano próspero.

Conselhos concretos

- Utilize água da chuva como uma fonte de água gratuita e natural para o seu nano-aquário, após filtrá-la e tratá-la.
- Experimente usar cones de amieiro no filtro para acidificar a água levemente de forma natural e reduzir a carga microbiana.
- Use turfa em um saco de filtro separado para introduzir ácidos húmicos e amaciar a água.
- Prepare sua água com uma mistura de água destilada e água da torneira para reduzir os custos com água de osmose, mantendo os minerais necessários.
- Filtre sua água da torneira com carvão ativado para remover resíduos de medicamentos e outras substâncias nocivas antes de usar outros agentes de tratamento.
- Determine a composição ideal da água para os habitantes do seu aquário por meio de testes de água direcionados e ajuste o tratamento de forma individual.
- Misture seu próprio sal de remineralização a partir de componentes individuais para otimizar a oferta de minerais para seus animais.
- Realize trocas parciais de água com água mineral rica em minerais para melhorar a qualidade da água e estabilizar o equilíbrio mineral.
- Verifique os parâmetros da água após cada troca para garantir que os valores desejados foram alcançados.
- Documente todos os passos de tratamento da água realizados e os valores medidos para garantir uma gestão da água ideal a longo prazo.

Revisão - 1. Equipamento Básico do Nano Aquário

A instalação de um nano-aquário pode parecer simples à primeira vista, mas o pequeno volume de água exige uma seleção cuidadosa dos equipamentos básicos. Filtro, iluminação, aquecimento e substrato devem estar perfeitamente alinhados para criar um ecossistema em miniatura estável e saudável. Comecemos pela filtragem: para nano-aquários, filtros internos ou de mochila compactos são recomendados. Preste atenção à capacidade de filtragem adequada, que deve ser compatível com a sua população. Correntes muito fortes estressam os habitantes, enquanto uma filtragem insuficiente compromete a qualidade da água. Considere o uso de mídias filtrantes inovadoras, como cenosferas revestidas de TiO2, que representam uma alternativa sustentável ao carvão ativado convencional. Lembre-se de que, especialmente na fase de ciclagem, testes regulares da água são essenciais para monitorar o desenvolvimento do filtro biológico e, se necessário, apoiar com preparações de bactérias.

A iluminação também é um fator decisivo. Sistemas modernos de LED oferecem diversas possibilidades para otimizar as condições de luz no nano-aquário. Escolha um sistema com temperatura de cor e intensidade de luz ajustáveis, para atender às necessidades de suas plantas e animais. Um timer para simular o ritmo natural dia-noite contribui para o bem-estar dos habitantes. Ao instalar, atente-se para uma iluminação uniforme, a fim de evitar a formação de sombras e minimizar o crescimento de algas. Considere também a influência da luz no comportamento dos habitantes do aquário – uma transição suave do azul para a luz branca do dia pode reduzir o estresse.

O controle de temperatura no pequeno aquário requer atenção especial. Escolha um aquecedor regulável com a potência adequada para o volume do seu tanque e posicione-o de forma que o calor seja distribuído uniformemente. Um termômetro, idealmente com função de alarme, ajuda a manter a temperatura na faixa ideal e a evitar flutuações que possam prejudicar os animais. No verão, ventiladores podem ser utilizados para resfriamento. Lembre-se de que a temperatura também influencia a química da água, como a solubilidade do oxigênio e a toxicidade do amônio.

O substrato forma a base do seu nano-aquário. Opte por um substrato que atenda às necessidades de suas plantas. Substratos de grãos finos são adequados para um crescimento denso das plantas, enquanto substratos de grãos mais grossos são benéficos para plantas com raízes mais robustas. Preste atenção às propriedades químicas do substrato, especialmente ao pH e à composição de nutrientes. Substratos do tipo soil oferecem uma boa base de nutrientes para as plantas, enquanto substratos inertes podem exigir fertilização adicional.

A decoração com elementos como pedras, madeiras e plantas completa a instalação. Crie esconderijos e estruture o espaço para oferecer aos habitantes do aquário um habitat próximo da natureza. Considere também os possíveis impactos dos materiais na química da água. Aqui, novamente, menos é mais. Não sobrecarregue o pequeno tanque, mas crie um ambiente harmonioso e funcional.

Com o equipamento básico adequado e um pouco de paciência, você pode criar um fascinante ecossistema em miniatura em seu nano-aquário. Esteja atento, observe seus habitantes e ajuste as condições conforme necessário. O esforço vale a pena – um nano-aquário vibrante é um belo ponto focal e uma adição valiosa a qualquer ambiente.

2. Fauna e Seleção de Espécies

Quem não sonha em criar um fascinante paraíso subaquático em miniatura? A escolha dos habitantes certos é fundamental para o sucesso ou fracasso de um nano-aquário. Enquanto algumas espécies florescem em pequenos tanques, outras necessitam de muito mais espaço para nadar e se sentir bem. O equilíbrio perfeito entre flora e fauna não apenas cria uma imagem geral atraente, mas também garante um ecossistema estável. Neste capítulo, você descobrirá quais habitantes aquáticos são adequados para o seu mini-tanque - e quais combinações surpreendentes são possíveis.

2. 1 Habitantes de Água Doce

A escolha dos habitantes para um nano-aquário determina seu sucesso. A densidade populacional, a compatibilidade entre espécies e as necessidades individuais dos animais influenciam a qualidade da água e o equilíbrio biológico. Decisões erradas levam rapidamente a doenças e perdas. Este capítulo aborda a manutenção adequada de peixes, camarões, caracóis e outros micro-organismos no espaço limitado de um mini-tanque. Serão explicados os principais critérios para uma escolha de espécies e planejamento de ocupação bem-sucedidos. Descubra agora como criar um ecossistema harmonioso e estável em miniatura.

A consideração das necessidades de todos os habitantes do aquário, incluindo caramujos e micro-organismos, é essencial para um nano-aquário estável e saudável.

Peixes pequenos para aquários nano

Os aquários nano oferecem espaço limitado, portanto, a seleção das espécies de peixes deve ser feita com cuidado. Pequenos aquários exigem peixes pequenos que se sintam confortáveis no volume disponível e que não sobrecarreguem excessivamente os parâmetros da água. O tamanho do aquário é crucial: em um nano de 10 litros, nenhum peixe deve ser mantido, pois o espaço não é suficiente para uma manutenção adequada. A partir de 20 litros, algumas espécies muito pequenas são possíveis, e um aquário de 30 litros oferece um pouco mais de opções. Os peixes adequados para aquários nano devem ter no máximo 5 cm de comprimento quando adultos. Peixes maiores produzem mais resíduos e precisam de mais espaço para nadar. Um aquário nano superlotado leva rapidamente à deterioração da qualidade da água, o que favorece doenças e a morte dos peixes. Preste atenção à convivência: nem todos os peixes pequenos se dão bem entre si. Informe-se sobre o comportamento social e as necessidades das espécies desejadas antes de agrupá-las. Algumas espécies são mais adequadas para aquários nano do que outras. Peixes nano populares e robustos incluem o Corydoras pygmaeus. Esses habitantes pacíficos do fundo permanecem pequenos, são sociáveis e ajudam a eliminar restos de comida no fundo. No entanto, eles precisam de um grupo de pelo menos cinco indivíduos para se sentirem confortáveis. Portanto, devem ser introduzidos apenas em volumes a partir de 30 litros. Algumas pequenas espécies de salmlers, como o Hyphessobrycon amandae, também podem ser mantidas em aquários nano. Esses peixes de cardume também precisam de um grupo de pelo menos seis a oito indivíduos e preferem aquários densamente plantados. A vegetação cria esconderijos e torna o aquário mais natural. Ao escolher as plantas, opte por espécies que não cresçam rapidamente e que não sobrecarreguem o espaço limitado. Além do tamanho do aquário e da espécie de peixe, a filtragem no aquário nano é importante. Um bom filtro garante água limpa e remove poluentes. Escolha um filtro que seja adequado ao tamanho do aquário e que não crie uma correnteza muito forte. Muitos peixes nano preferem água calma. Trocas regulares de água, cerca de 1/3 do volume por semana, também são essenciais para manter a qualidade da água estável e remover poluentes que o filtro não consegue capturar. A alimentação no aquário nano deve ser feita com moderação. A superalimentação leva a um aumento da carga na água e pode favorecer o crescimento de algas. Alimente várias vezes ao dia com pequenas porções que sejam consumidas em poucos minutos. Preste atenção a uma oferta de alimentos variada para fornecer os nutrientes ideais aos peixes. Alimentos vivos ou alimentos congelados são um bom complemento para o alimento seco e promovem a saúde e o bem-estar dos peixes. Antes de introduzir peixes em seu aquário nano, você deve deixar o aquário ciclar adequadamente. Isso significa que o aquário deve operar por algumas semanas sem peixes, para que bactérias benéficas possam se estabelecer no filtro e no substrato. Essas bactérias degradam poluentes e garantem um equilíbrio biológico estável. Com um teste de água, você pode monitorar os parâmetros da água e garantir que o aquário esteja pronto para receber os peixes. Ao escolher os peixes para seu aquário nano, você deve priorizar as necessidades dos animais. Informe-se detalhadamente sobre as respectivas espécies e escolha peixes que se adequem em tamanho e comportamento ao seu aquário. Um aquário nano bem planejado e mantido pode ser um fascinante biotopo em miniatura e proporcionar muita alegria. Preste atenção ao tamanho adequado do aquário, à filtragem correta, a trocas regulares de água e a uma alimentação adequada. Assim, você criará condições ideais para seus peixes nano e poderá observar seu comportamento em um ambiente natural. Lembre-se, menos é mais: um aquário nano superlotado leva rapidamente a problemas. Concentre-se em poucas espécies bem selecionadas que se sintam confortáveis em seu mini biotopo e possam levar uma vida longa e saudável. Um nano de 30 litros com um cardume de Funkensalmler, alguns camarões anões e alguns caramujos pode, por exemplo, ser um aquário atraente e de fácil manutenção.

Alimento congelado [i7]

Tetra [i8]

Bom saber

Alimento seco

Alimento industrialmente produzido em forma de flocos, grânulos ou tabletes. Tem longa durabilidade e oferece uma dieta equilibrada para peixes de aquário.

Alimento congelado

Alimento congelado que é descongelado em pequenas porções e oferecido aos habitantes do aquário. É um bom complemento ao alimento seco e fornece nutrientes importantes aos peixes.

Corydoras pygmaeus

Uma espécie popular para aquários nano, pois permanece pequena e é pacífica. Corydoras pygmaeus vive em grupos no fundo e ajuda a eliminar restos de comida. Eles precisam de areia fina como substrato.

Hyphessobrycon amandae

Um pequeno peixe de cardume colorido que é bem adequado para aquários nano. Hyphessobrycon amandae prefere aquários densamente plantados e necessita de um grupo de pelo menos seis a oito indivíduos para se sentir confortável.

Salmlers

Uma família de peixes que inclui muitas espécies nativas da América do Sul. Algumas espécies de salmler, como o Hyphessobrycon amandae, são bem adequadas para aquários nano.

Tamanho máximo de nano peixes

Tamanho máx. em cm

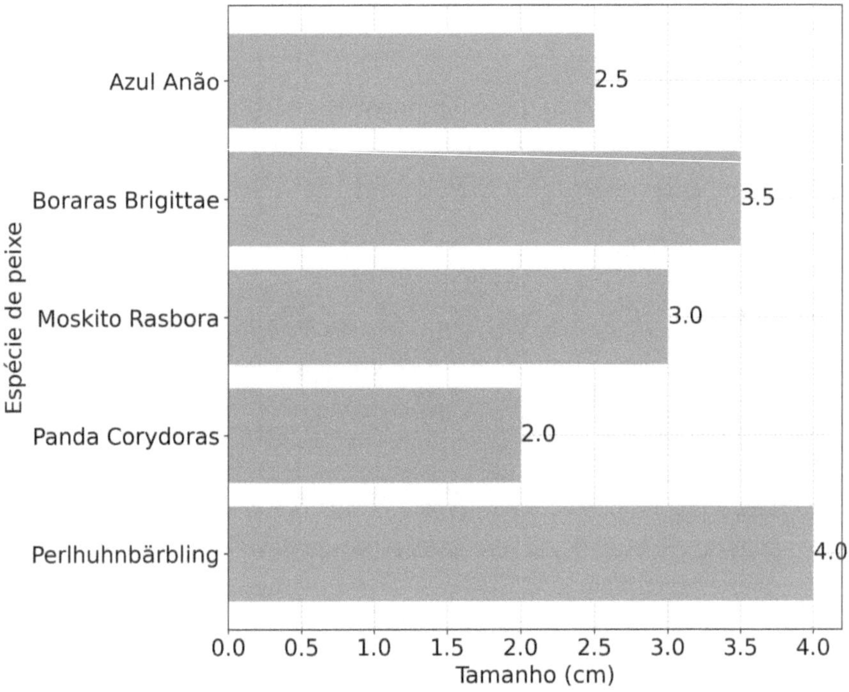

AZA: Azul Anão
BBR: Boraras Brigittae
MRA: Moskito Rasbora
PCO: Panda Corydoras
PER: Perlhuhnbärbling

O gráfico de barras visualiza o tamanho máximo de diferentes espécies de peixes adequadas para nano aquários. Boraras brigittae e Perlhuhnbärbling permanecem os menores, enquanto o Azul Anão com 4 cm é a maior espécie representada. Isso ilustra as diferenças de tamanho e ajuda na seleção de peixes adequados para pequenos aquários.

Camarões e crustáceos

Camarões e crustáceos enriquecem um nano-aquário não apenas visualmente, mas também desempenham funções importantes no ecossistema. Eles pastam algas, consomem restos de alimentos e mantêm o aquário limpo. Seu movimento ativo anima o fundo e a vegetação. Para nano-aquários, espécies de camarões anões são especialmente adequadas, pois permanecem pequenas e não sobrecarregam o espaço limitado. Ao escolher os camarões, preste atenção aos parâmetros da água do seu aquário, pois diferentes espécies têm diferentes exigências. Assim, Camarões Red Fire preferem água macia, enquanto Camarões Yellow Fire também toleram água mais dura. A convivência com peixes também requer planejamento cuidadoso. Peixes pequenos e pacíficos, como o neon, podem harmonizar com camarões anões, desde que haja esconderijos suficientes, como vegetação densa ou musgos. Esses oferecem proteção aos camarões e minimizam o estresse causado pelos peixes. [s21] A alimentação também deve ser adaptada às necessidades de ambos os grupos. Tanto camarões quanto peixes necessitam de uma dieta variada para se manterem saudáveis. Certifique-se de que restos de alimentos não sobrecarreguem a água. Camarões se beneficiam de ração específica para camarões, que promove seu brilho e crescimento. A adição de astaxantina pode intensificar a cor, especialmente o tom vermelho, de camarões e crustáceus, ao mesmo tempo em que apoia sua saúde, fortalecendo sua capacidade antioxidante e o sistema imunológico. [s22] Um equilíbrio entre peixes, camarões e plantas contribui significativamente para a estabilidade do nano-aquário. Trocas regulares de água e o controle dos parâmetros da água são essenciais para garantir um ambiente saudável e adequado para todos os habitantes. Uma densidade populacional adequada também é importante para prevenir estresse e doenças. Um aquário superlotado, mesmo em escala nano, pode rapidamente levar a problemas com a qualidade da água. Lembre-se de

que os camarões se reproduzem e a população no aquário pode crescer. Isso deve ser considerado ao planejar a densidade populacional.

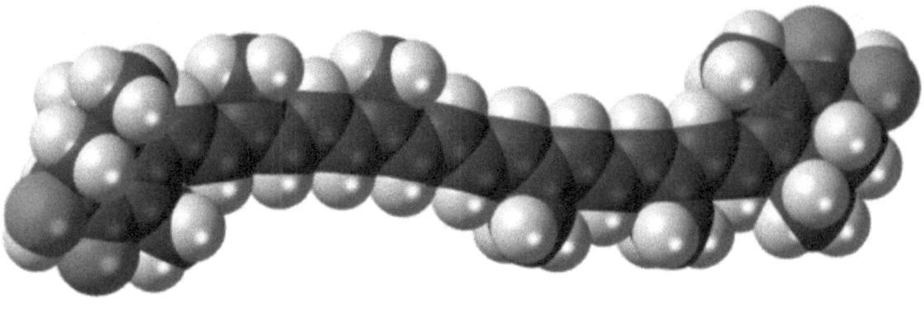

Astaxantina [i9]

Bom saber

Camarões Red Fire

Camarões Red Fire são uma espécie popular de camarões anões, que se destacam por sua coloração vermelha brilhante. Eles preferem água macia e são relativamente fáceis de manter.

Camarões Yellow Fire

Camarões Yellow Fire são uma outra espécie popular de camarões anões, caracterizados por sua coloração amarela. Ao contrário dos camarões Red Fire, eles também toleram água mais dura.

Densidade populacional

A densidade populacional refere-se ao número de animais em um aquário. Uma densidade populacional muito alta pode levar a estresse, doenças e problemas com a qualidade da água.

Ecossistema

Um ecossistema em um nano-aquário é um pequeno sistema fechado que inclui plantas, animais e microrganismos que interagem entre si e com o ambiente. Um ecossistema funcional é importante para a saúde e o bem-estar dos habitantes do aquário.

Parâmetros da água

Parâmetros da água como temperatura, pH, dureza e teor de nitrato são cruciais para a saúde dos habitantes do aquário. O controle e a adaptação regulares dos parâmetros da água são essenciais.

Distribuição de Camarões e Crustáceos

Distribuição típica de camarões/crustáceos de água doce nano.

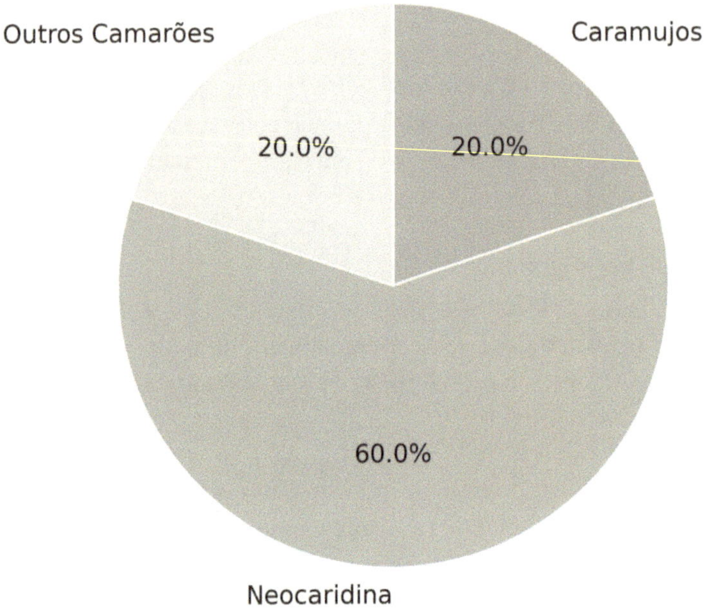

- CAR: Caramujos (ex., Neritina, Planorbis)
- NEO: Neocaridina (ex., Camarão Cereja Vermelho)
- OUT: Outros Camarões (ex., Caridina, Sulawesi)

As espécies de Neocaridina, frequentemente Camarão Cereja Vermelho, representam uma porção significativa dos habitantes de nano aquários devido à sua facilidade de cuidado e coloração vibrante. Enquanto outras espécies de camarão e caracóis contribuem para o ecossistema, sua menor representação sugere que são escolhidos mais seletivamente com base em necessidades específicas do tanque ou preferências estéticas.

Caracóis e microorganismos

Caracóis e microorganismos desempenham diversas funções no nano-aquário. Além de enriquecer visualmente, eles contribuem para a purificação e para o equilíbrio biológico. Os caracóis, com suas mais de 80.000 espécies diferentes, alimentam-se de algas, partes de plantas mortas e restos de alimentos, limpando assim o fundo e as superfícies do aquário. [s23] Dessa forma, eles evitam o acúmulo de material orgânico e previnem a formação de poluentes. Os microorganismos, que representam mais de 95% das espécies na Terra, também contribuem para esse processo. [s23] Eles decompõem substâncias orgânicas e as transformam em nutrientes que podem ser utilizados pelas plantas no aquário. A seleção de caracóis e microorganismos deve ser feita com cuidado, pois nem todas as espécies são adequadas para cada nano-aquário. Preste atenção à compatibilidade com os outros habitantes e às necessidades específicas de cada espécie. Algumas espécies de caracóis, como os caracóis predadores, podem, por exemplo, comer outros caracóis ou até pequenos camarões. [s23] Outros, como o caracol da posthorn, se reproduzem rapidamente e podem levar à superpopulação. Os parâmetros da água também são decisivos para o bem-estar dos caracóis. Algumas espécies necessitam de água mais macia, enquanto outras toleram água mais dura. A observação do comportamento dos caracóis pode fornecer informações sobre a qualidade da água e o bem-estar geral dos habitantes do aquário. Mudanças no comportamento, como apatia ou movimentos incomuns, podem indicar problemas e devem ser levadas a sério. O aparecimento de doenças, como anorexia ou infecções microbianas, pode afetar a saúde dos caracóis. [s23] Nesses casos, é aconselhável consultar um especialista ou um veterinário para identificar a causa e tomar as medidas adequadas. O cuidado correto e a escolha das espécies adequadas são fundamentais para um nano-aquário funcional e saudável. Além dos

caracóis, também existem muitos outros microorganismos em ecossistemas de água doce, incluindo hóspedes indesejados como sanguessugas. [s24] Esses vermes hematófagos podem infestar peixes e outros habitantes do aquário e devem ser removidos imediatamente. É preciso ter cuidado, pois a remoção inadequada pode causar ferimentos e infecções. [s24] A remoção cuidadosa da sanguessuga, idealmente com uma pinça, pode minimizar o risco.

Bom saber

Equilíbrio biológico
O estado em um aquário onde os diferentes organismos e parâmetros da água estão em uma relação estável e saudável.

Infecções microbianas
Doenças causadas por microorganismos como bactérias, vírus ou fungos que podem ocorrer em peixes e invertebrados no aquário.

Sanguessugas
Vermes parasitas que se alimentam do sangue de peixes e outros habitantes do aquário e devem ser evitados no nano-aquário.

Densidade de Invertebrados Comuns de Água Doce

Densidade populacional típica em um nano aquário equilibrado.

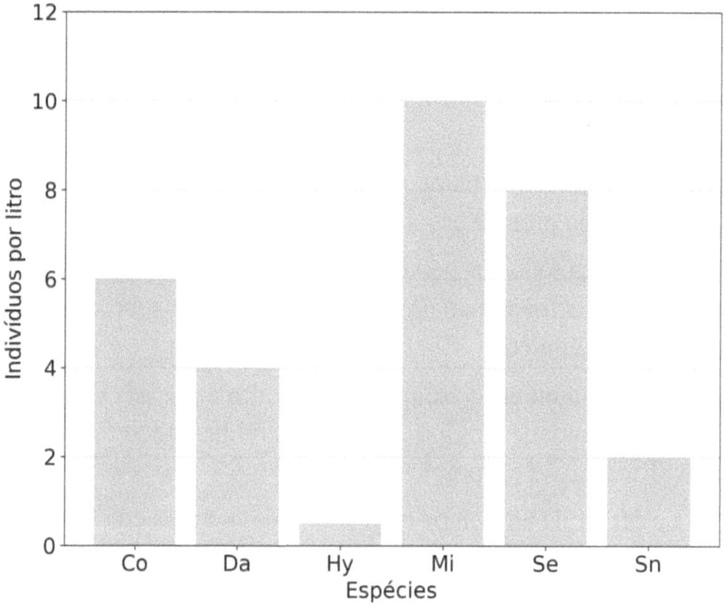

Co: Copépodes

Da: Dáfnias

Hy: Hidras

Mi: Microrganismos (e.g., Bactérias)

Se: Camarões-sementes (Ostrácodes)

Sn: Caracóis (e.g., Planorbas)

Os caracóis desempenham um papel crucial no controle de algas e na redução de resíduos, enquanto as populações de microrganismos contribuem para um ecossistema saudável. Uma população equilibrada de ambos é essencial para um nano aquário próspero. A densidade comparativamente menor de hidras indica sua natureza predatória e a necessidade de monitoramento cuidadoso para evitar a superpopulação e danos potenciais a outros habitantes. Dáfnias, como fonte de alimento vivo, requerem manejo cuidadoso para evitar pastejo excessivo ou colapsos populacionais.

Conselhos concretos

- Considere a estrutura vertical ao escolher as espécies para o seu nano-aquário: combine habitantes do fundo, como os bagres, com peixes das regiões média e superior da água.
- Busque formas de cultivo de espécies conhecidas que permaneçam pequenas, para aproveitar ao máximo o tamanho do aquário.
- Prefira espécies com necessidades hídricas semelhantes na sua seleção, a fim de minimizar o esforço de manutenção e criar um ambiente estável.
- Direcione seu nano-aquário para um bioma específico, como um bioma de água preta, e escolha os habitantes de acordo.
- Não introduza todos os peixes ao mesmo tempo, mas acostume os animais gradualmente ao novo aquário, para não sobrecarregar o equilíbrio biológico.
- Observe atentamente o comportamento alimentar dos seus peixes e ajuste a quantidade e o tipo de ração individualmente, para evitar a superalimentação e a poluição da água.
- Varie a oferta de alimentos com materiais naturais coletados, não contaminados, como folhas ou urtigas (pré-cozidas), para complementar a dieta natural.
- Considere a reprodução dos habitantes do seu nano-aquário, para reduzir a necessidade de captura na natureza e, ao mesmo tempo, obter insights interessantes sobre o desenvolvimento dos animais.

2. 2 Habitantes de Água Salgada

A escolha dos habitantes marinhos adequados é crucial para um nanoaquário bem-sucedido. Desde a convivência de diferentes espécies até a consideração das necessidades individuais e a adaptação ao espaço limitado – cada fator influencia o delicado equilíbrio no minitanque. Erros na escolha das espécies podem levar ao estresse, doenças e, em última instância, à perda dos animais. Descubra neste capítulo como selecionar os habitantes certos para o seu nanoaquário marinho e criar um ecossistema harmonioso.

No nanoaquário de água do mar, a seleção cuidadosa dos habitantes de acordo com suas necessidades e compatibilidades é crucial para um ecossistema estável e saudável.

Corais para mini recifes

Os corais formam a base de qualquer mini recife, e sua seleção deve ser cuidadosamente ajustada ao volume do aquário. A velocidade de crescimento e o tamanho final desempenham um papel crucial na estabilidade a longo prazo do sistema. Espécies que permanecem pequenas e crescem lentamente são mais adequadas para o início, pois dominam menos rapidamente o espaço limitado, proporcionando assim a margem necessária para adaptações. A sensibilidade aos parâmetros da água varia amplamente entre as espécies de corais. Espécies robustas, que toleram flutuações, são recomendadas para iniciantes, a fim de minimizar o esforço de cuidado e controle. A colocação dos corais no aquário também influencia seu crescimento e saúde. Espécies com altas exigências de luz devem ser colocadas na parte superior, enquanto corais que preferem sombra devem ser posicionados na parte inferior ou sob saliências. A correnteza da água é outro fator importante. Corais que preferem forte correnteza devem ser colocados em áreas com alta movimentação de água, enquanto outras espécies necessitam de zonas mais tranquilas. [s25] Ferramentas genéticas, como DNA-Barcoding, podem ser úteis para determinar a espécie exata do coral, o que é especialmente vantajoso para o cuidado e compreensão de suas necessidades específicas. [s25] Nanoplásticos, que podem entrar no aquário através de cosméticos ou outras fontes, prejudicam o crescimento e a reprodução das algas simbióticas nos corais. [s26] Essas algas, também conhecidas como zooxantelas, são vitais para os corais, pois lhes fornecem energia através da fotossíntese. Uma densidade reduzida de algas leva ao enfraquecimento dos corais e aumenta sua suscetibilidade a doenças. Para contrabalançar isso, deve-se evitar o uso de produtos que contenham plástico no entorno do aquário e utilizar um skimmer de alta qualidade para filtrar nanopartículas da água.

Skimmer de proteínas [i10]

Bom saber

DNA-Barcoding

Um método de identificação de espécies que utiliza trechos curtos e padronizados de DNA para identificar organismos como corais em aquários nano, garantindo assim um cuidado ideal.

Fotossíntese

O processo pelo qual plantas e algas, como as zooxantelas nos corais, produzem energia e liberam oxigênio utilizando luz, água e dióxido de carbono, o que é importante para o equilíbrio do ecossistema no aquário nano.

Skimmer

Um dispositivo que remove substâncias orgânicas dissolvidas e outros poluentes da água em aquários de água salgada, introduzindo bolhas de ar antes que se decomponham e afetem a qualidade da água.

Distribuição de Coral em Nano Recifes

Distribuição típica de coral em um nano aquário de recife.

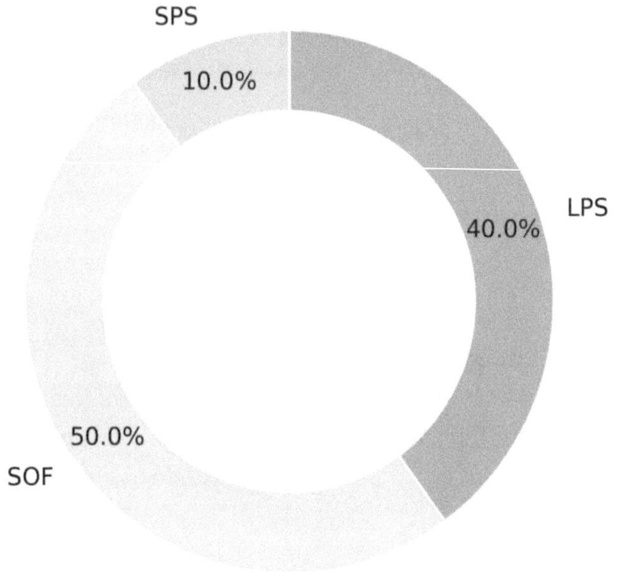

- LPS: Corais de Pólipo Grande (LPS)
- SOF: Corais Moles
- SPS: Corais de Pólipo Pequeno (SPS)

Esta distribuição sugere uma abordagem equilibrada para a seleção de corais em nano recifes, favorecendo uma proporção ligeiramente maior de Corais Moles devido à sua adaptabilidade e crescimento geralmente mais rápido em ambientes menores. Os corais LPS, embora presentes, ocupam uma porcentagem menor devido ao seu tamanho maior e requisitos específicos de cuidados. A presença mínima de SPS reflete os desafios de manter suas necessidades exigentes em um nano ambiente.

Peixes pequenos em água salgada

Peixes pequenos em aquários de água do mar apresentam exigências especiais em relação aos cuidados. Além da escolha de espécies adequadas que se adaptem às limitações de espaço, a qualidade da água é crucial para seu bem-estar. Peixes pequenos reagem de forma sensível a substâncias tóxicas. Bitucas de cigarro, mesmo que não tenham sido fumadas, liberam toxinas na água que podem ser letais para peixes de água salgada, mesmo em baixas concentrações [s27]. Portanto, é aconselhável evitar qualquer contato de restos de cigarro com a água do aquário. O microplástico também representa um sério risco [s28] [s29]. Estudos mostram que o microplástico pode ser detectado não apenas no trato digestivo, mas também nas brânquias e músculos de peixes pequenos [s29]. As consequências variam de estresse oxidativo a problemas reprodutivos. Partículas especialmente pequenas (≤ 5 μm) afetam negativamente a saúde dos peixes [s29]. Um skimmer eficiente pode ajudar a reduzir a carga de microplástico no aquário. Além disso, cosméticos e outras fontes potenciais de microplástico devem ser mantidos longe do aquário. A osmose, ou seja, a regulação do equilíbrio hídrico no corpo, é especialmente importante para peixes em água salgada. Diferentes espécies desenvolveram mecanismos variados para lidar com a salinidade da água. O peixe-de-três-espinhos, que ocorre tanto em água salgada quanto em água doce, regula a expressão de certos genes para se adaptar a variações na salinidade. A atividade do gene Na+/K+-ATPase, por exemplo, é aumentada em peixes de água salgada para garantir o transporte de sal [s30]. Este exemplo ilustra os complexos mecanismos de adaptação dos peixes ao seu ambiente e sublinha a importância de parâmetros de água estáveis no nanoaquário.

brânquias [i11]

Bom saber

Bitucas de cigarro

Bitucas de cigarro contêm uma variedade de substâncias tóxicas que podem ser letais para os habitantes de água do mar, mesmo em pequenas quantidades. A nicotina e outras substâncias químicas se dissolvem na água e podem prejudicar a função branquial e o sistema nervoso dos animais. Portanto, é importante manter bitucas de cigarro e outros produtos de tabaco longe dos aquários.

Na+/K+-ATPase

Na+/K+-ATPase é uma enzima que desempenha um papel importante na osmose de animais marinhos. Ela transporta íons de sódio e potássio através da membrana celular, ajudando a regular o equilíbrio de sal no corpo. A atividade dessa enzima é influenciada pela salinidade da água circundante.

Osmose

A osmose é o processo pelo qual os animais marinhos regulam o equilíbrio de sal e água em seus corpos. Em um nanoaquário, é importante manter parâmetros de água estáveis para não perturbar a osmose dos animais. Variações na salinidade podem levar a estresse e problemas de saúde.

Comparação de tamanho de Nanofish

Tamanho máximo de nanofish selecionados

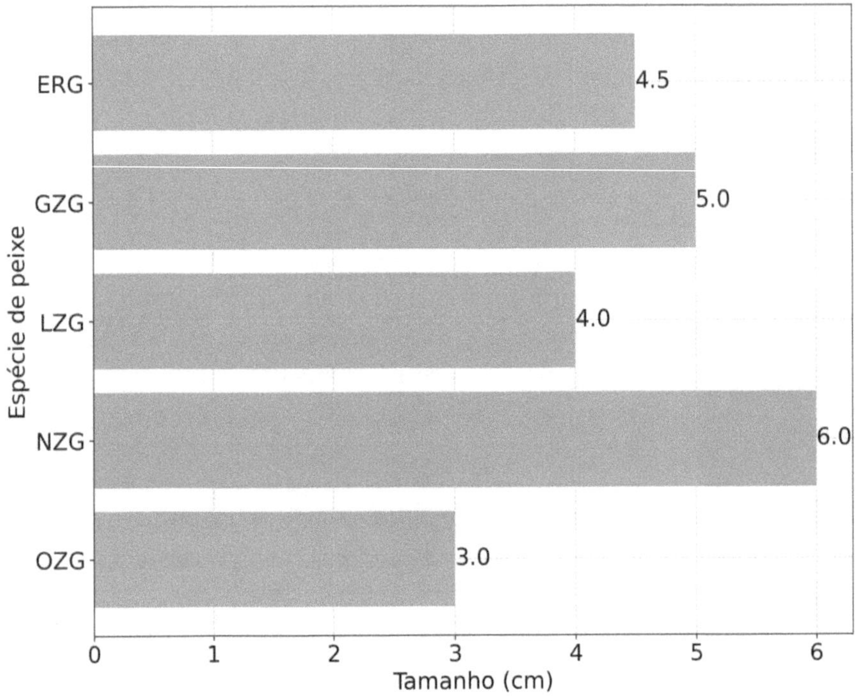

ERG: Eviota Gobiodon

GZG: Gobiodon Amarelo Anão

LZG: Gobiodon de Hektor

NZG: Gobiodon Anão Laranja

OZG: Gobiodon Anão de Fogo

O gráfico de barras horizontais ilustra o tamanho máximo de vários nanofish populares. Mostra claramente que algumas espécies, como o gobiodon anão de fogo, permanecem significativamente menores do que outras, como o gobiodon amarelo anão. Isso deve ser levado em consideração ao selecionar o estoque para um nanoaquário.

Invertebrados Marinhos

Os invertebrados formam um grupo fascinante e diversificado no aquário de água salgada, contribuindo significativamente para a estabilidade e estética do ecossistema. No entanto, a seleção deve ser bem pensada, pois as necessidades das diferentes espécies variam amplamente. Caranguejos, caramujos, estrelas-do-mar e camarões desempenham funções distintas no nanoaquário. Algumas espécies ajudam no controle de algas, enquanto outras cuidam do detrito, melhorando assim a qualidade da água. Camarões de limpeza, por sua vez, livram peixes e corais de parasitas e partes mortas da pele. A convivência de diferentes espécies requer um planejamento cuidadoso. Algumas estrelas-do-mar, por exemplo, se alimentam de outros invertebrados e, portanto, não são adequadas para todos os aquários. Outro aspecto importante é a sensibilidade dos invertebrados em relação aos wasserparametern. Variações na salinidade, temperatura ou nos valores de nutrientes podem rapidamente levar ao estresse e doenças. Portanto, o monitoramento e ajuste regulares dos parâmetros da água são essenciais para garantir o bem-estar dos animais. Assim como nos peixes, o envelhecimento dos invertebrados marinhos pode estar associado a mudanças em nível celular e molecular que afetam sua expectativa de vida. Embora esses processos ainda sejam pouco estudados em muitas espécies, isso ilustra a complexidade dos processos vitais e a necessidade de uma manutenção adequada. Um aquário estável com condições ideais ajuda a promover a saúde e longevidade dos invertebrados.

Detritos [i12]

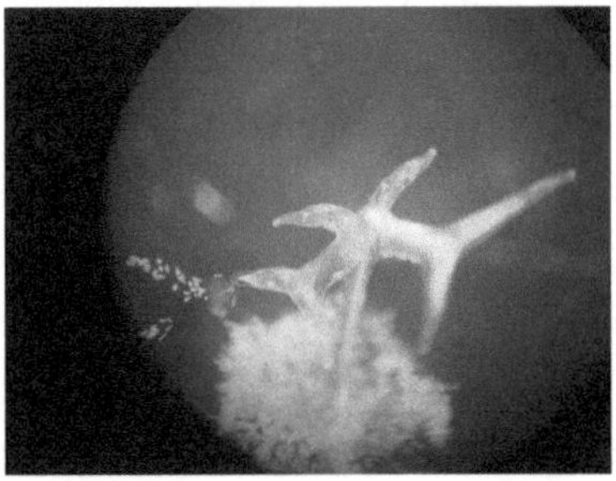

Parasita (peixe) [i13]

Camarão limpador [i14]

Bom saber

Detrito

Resíduos orgânicos que se acumulam no aquário, como restos de alimentos, plantas mortas e excrementos dos animais. No nano-aquário de água salgada, a remoção de detrito é especialmente importante para manter a qualidade da água alta.

Parasitas

Organismos que vivem em ou sobre outro ser vivo (hospedeiro) e se alimentam dele. No aquário de água salgada, parasitas podem infestar peixes e invertebrados, causando doenças. Camarões de limpeza e algumas espécies de peixes ajudam a controlar parasitas.

Valores de Nutrientes

Concentrações de substâncias como nitrato e fosfato na água, que são importantes para o crescimento de algas e corais. No nano-aquário de água salgada, os valores de nutrientes devem ser cuidadosamente monitorados para evitar o crescimento excessivo de algas e garantir a saúde dos corais.

Distribuição Comum de Invertebrados Nano

Distribuição típica de invertebrados em nano aquários de água salgada.

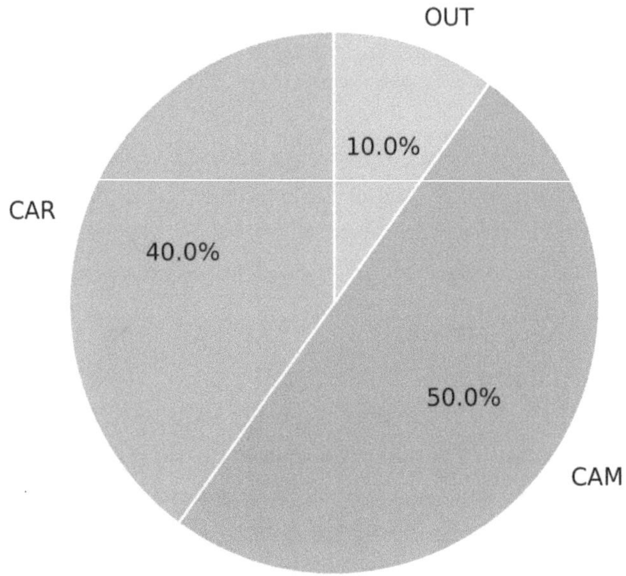

- CAM: Camarões (por exemplo, Camarão Limpador, Camarão Anão)
- CAR: Caracóis (por exemplo, Nassarius, Cerith)
- OUT: Outros Invertebrados

Caracóis e camarões desempenham papéis cruciais em um ecossistema de nano tanque, com caracóis focados principalmente no controle de algas e camarões contribuindo para a remoção de resíduos. A menor porcentagem de 'Outros' pode incluir invertebrados menos comuns, como pequenas estrelas-do-mar ou anêmonas, adicionando biodiversidade, mas exigindo consideração cuidadosa devido ao espaço limitado e aos recursos de um nano ambiente.

Conselhos concretos

- Informe-se sobre as fontes naturais de alimento dos habitantes marinhos desejados e tente reproduzi-las no aquário.
- Considere a criação de organismos alimentares especializados, como copépodes ou fitoplâncton, para otimizar a nutrição dos seus habitantes marinhos.
- Ao escolher as espécies, leve em conta os diferentes horários e áreas de atividade dos animais, a fim de minimizar a competição e o estresse.
- Crie diferentes microhabitats no aquário, por exemplo, com substratos ou condições de correnteza variadas, para atender às necessidades de diferentes espécies.
- Opte por uma ocupação gradual do aquário, começando com espécies robustas e adaptáveis, para construir lentamente o equilíbrio biológico.
- Prefira, na escolha das espécies, animais da mesma região geográfica, para criar um mini recife harmonioso e próximo da natureza.
- Pesquise a estrutura social das espécies desejadas e considere isso na densidade de ocupação e na distribuição de sexos.
- Observe atentamente o comportamento dos seus habitantes marinhos e ajuste a ocupação, se necessário, para evitar conflitos e estresse.
- Aproveite a oportunidade de quarentena para os animais recém-adquiridos, a fim de prevenir a introdução de doenças e parasitas.

2. 3 Seleção de Plantas

A escolha das plantas no aquário nano influencia significativamente a estética e o bem-estar dos habitantes. O tamanho do tanque, as condições de luz e os parâmetros da água determinam quais espécies prosperam no primeiro, segundo e fundo do aquário. Decisões inadequadas levam a problemas como crescimento de algas, plantas murchas ou animais estressados. Paisagens aquáticas bem-sucedidas exigem um planejamento cuidadoso do plantio. As diferentes necessidades das espécies de plantas devem ser consideradas e alinhadas com os outros habitantes do aquário. Isso diz respeito tanto à forma e velocidade de crescimento quanto à nutrição e compatibilidade com a fauna. Descubra agora como, com a escolha certa de plantas, você pode transformar seu aquário nano em um biotopo harmonioso e florescente.

A seleção de plantas no nano-aquário deve considerar as necessidades de todos os habitantes do aquário, tanto das plantas em relação à luz, nutrientes e parâmetros da água, quanto dos peixes e outros animais em relação aos seus hábitos e bem-estar.

Plantas de primeiro plano

As plantas de primeiro plano moldam significativamente a impressão visual de um nano-aquário e criam profundidade espacial. A escolha das espécies certas depende de vários fatores, incluindo o tamanho do aquário, as condições de luz e os nutrientes disponíveis. Especialmente em aquários menores, o planejamento cuidadoso do plantio é importante para alcançar uma imagem harmoniosa. Plantas tapete formam gramados densos e cobrem o fundo do aquário, que muitas vezes é pouco atraente. Seu crescimento baixo garante que não obstruam a visão das plantas de meio e fundo. Algumas espécies se espalham rapidamente por meio de estolões e, portanto, requerem poda regular. Outras crescem mais lentamente e são adequadas para aquaristas que desejam investir menos tempo nos cuidados. As necessidades de luz das plantas de primeiro plano variam amplamente. Enquanto algumas espécies se adaptam a pouca luz, outras necessitam de iluminação intensa para prosperar. A intensidade da iluminação deve ser ajustada às necessidades das plantas para evitar o crescimento de algas e promover um crescimento saudável das plantas. Os nutrientes também desempenham um papel importante no crescimento e na saúde das plantas de primeiro plano. Um substrato rico em nutrientes e uma fertilização regular com fertilizante líquido fornecem às plantas os nutrientes necessários. A dosagem do fertilizante deve ser ajustada ao tamanho do aquário e à população de peixes para evitar a superfertilização e o consequente crescimento de algas. Os parâmetros da água, como temperatura e phwert, também influenciam o crescimento das plantas de primeiro plano. A maioria das espécies prefere água macia a média, com um pH neutro a ligeiramente ácido. A temperatura da água deve ser ajustada às necessidades da espécie em questão. Uma trocagem parcial de água regular ajuda a manter a qualidade da água no aquário e oferece às plantas condições ideais de crescimento. A escolha das plantas de primeiro plano não apenas contribui para a estética do aquário, mas também melhora a qualidade da água. As plantas consomem nutrientes e produzem oxigênio, o que inibe o crescimento de algas e cria um ambiente saudável para peixes e outros habitantes do aquário. Ao escolher as plantas de primeiro plano, deve-se considerar também as necessidades dos outros habitantes do aquário. Algumas espécies de peixes gostam de roer plantas ou cavar no substrato, o que pode ser problemático para plantas de primeiro plano sensíveis. Nesses casos, deve-se optar por espécies robustas que suportem as atividades dos peixes. O plantio do primeiro plano pode ser realizado por meio de várias técnicas. Plantas menores podem ser plantadas individualmente com uma pinça no substrato. Para espécies tapete que se propagam por estolões, é recomendável plantar pequenos tufos que, ao longo do tempo, se espalharão formando um denso tapete. Para promover um crescimento uniforme, as plantas devem ser cuidadas em intervalos regulares. Caules mais longos podem ser cortados com uma tesoura para manter as plantas em forma e evitar um crescimento excessivo. Folhas mortas devem ser removidas para manter a qualidade da água e prevenir processos de decomposição. A combinação de diferentes plantas de primeiro plano pode criar efeitos visuais interessantes. Ao usar plantas com diferentes formas, cores e tamanhos de folhas, é possível criar um visual variado e natural. Por exemplo, espécies de folhas finas como Eleocharis acicularis podem ser combinadas com espécies de folhas largas como Glossostigma elatinoides para gerar um contraste na textura. A escolha das plantas de primeiro plano não apenas afeta a aparência do aquário, mas também as condições de vida dos habitantes do aquário. Um primeiro plano densamente plantado oferece esconderijos para peixes tímidos e alevinos, contribuindo para seu bem-estar. Ao mesmo tempo, o plantio melhora a qualidade da água e cria um biotopo aquático natural e harmonioso. Um exemplo de uma planta de primeiro plano robusta e de fácil manutenção é a Anubias barteri nana. Esta planta requer pouca luz e se adapta a quantidades limitadas de nutrientes. Ela se fixa em pedras e raízes e não precisa ser plantada no substrato. Isso a torna especialmente adequada para aquários com

espécies de peixes que cavam. Com a combinação inteligente de plantas de primeiro plano, um nano-aquário pode ser transformado em uma pequena obra de arte vibrante. Com a escolha e o cuidado adequados das plantas, cria-se um paraíso subaquático atraente e saudável para peixes e plantas.

Alturas de Crescimento de Plantas de Primeiro Plano

Alturas Típicas em Nano Aquários

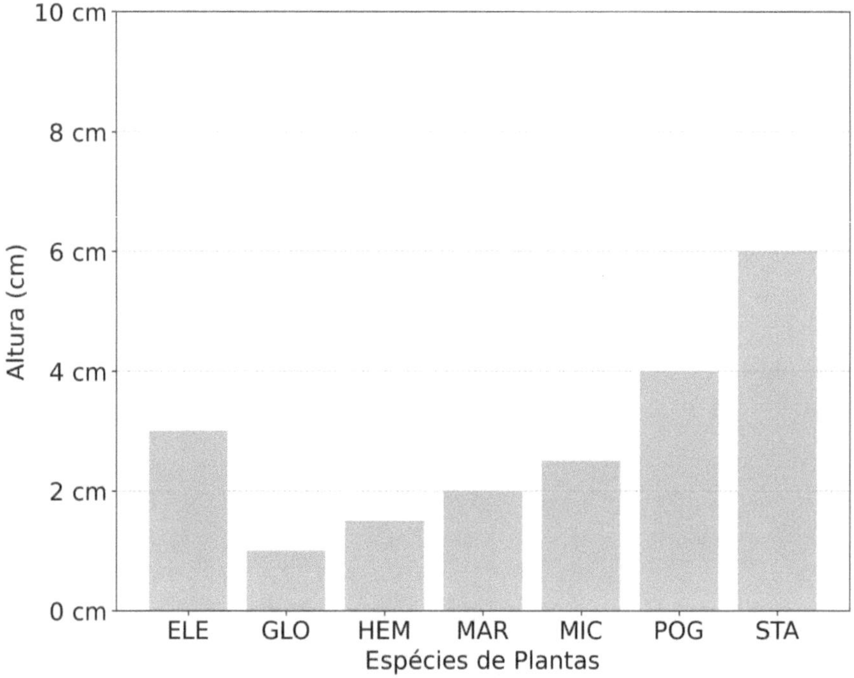

ELE: Eleocharis parvula

GLO: Glossostigma elatinoides

HEM: Hemianthus callitrichoides 'Cuba'

MAR: Marsilea hirsuta

MIC: Micranthemum 'Monte Carlo'

POG: Pogostemon helferi

STA: Staurogyne repens

Este gráfico destaca a diversa gama de alturas alcançáveis com plantas de primeiro plano populares. Desde a Glossostigma elatinoides de baixo crescimento até a Staurogyne repens mais alta, os aquapaisagistas têm opções para criar layouts de primeiro plano variados e dinâmicos. As plantas de altura média oferecem um equilíbrio entre a formação de carpetes e o interesse visual, evitando uma aparência completamente plana.

Plantas de plano médio

As plantas de plano médio formam a transição entre as plantas baixas do primeiro plano e as plantas altas do fundo no aquário. Elas conferem estrutura e profundidade ao tanque, ao mesmo tempo que oferecem esconderijos para os habitantes do aquário. A escolha das espécies adequadas depende do tamanho do tanque, das condições de luz e dos parâmetros da água. Em aquários menores, espécies de menor porte são mais adequadas, enquanto em tanques maiores, também podem ser utilizadas plantas maiores e mais arbustivas. As exigências de luz também variam bastante: algumas espécies prosperam em luz difusa, enquanto outras necessitam de iluminação mais intensa. Portanto, um aquarista deve ajustar a intensidade da luz às necessidades das plantas, evitando assim o crescimento excessivo de algas e promovendo um crescimento saudável das plantas. Nutrientes são essenciais para o crescimento. Um substrato rico em nutrientes, como um substrato para aquários, pode ser vantajoso. Além disso, a fertilização regular com fertilizantes líquidos fornece às plantas os nutrientes necessários. A dosagem do fertilizante deve ser ajustada ao tamanho do tanque e à população de peixes, a fim de evitar a superfertilização e o consequente crescimento de algas. Os parâmetros da água também desempenham um papel importante. A maioria das plantas de plano médio prefere água macia a moderadamente dura, com um pH neutro a ligeiramente ácido. Trocas regulares de parte da água contribuem para a estabilidade da qualidade da água e oferecem às plantas condições ideais de crescimento. As plantas de plano médio desempenham várias funções no aquário. Elas estruturam o espaço, oferecem abrigo aos peixes e ajudam a melhorar a qualidade da água, absorvendo nutrientes e produzindo oxigênio. Ao escolher, considera-se as necessidades dos outros habitantes do aquário. Algumas espécies de peixes mordiscam as plantas, portanto, nesses casos, deve-se optar por espécies robustas. A forma de crescimento das plantas também é relevante. Espécies que crescem eretas, como algumas plantas de caule, criam um efeito visual diferente de plantas arbustivas, como diversas espécies de Echinodorus. Para a composição do plano médio, várias técnicas de plantio podem ser utilizadas. Plantas de caule podem ser plantadas em grupos para obter um denso crescimento. Plantas rizomatosas, que formam caules horizontais, devem ser plantadas com um certo espaçamento entre si, para que possam se espalhar. A poda regular mantém a forma desejada e promove um crescimento arbustivo. Folhas mortas devem ser removidas para manter a qualidade da água. A combinação de diferentes plantas de plano médio com diversas formas, cores e tamanhos de folhas cria um visual variado e natural. Assim, pode-se criar um interessante contraste de cores combinando plantas de folhas vermelhas, como a Alternanthera reineckii 'rosaefolia', com espécies de folhas verdes, como a Hygrophila corymbosa 'siamensis'. Diferentes estruturas de folhas também contribuem para a diversidade visual. Plantas de folhas finas parecem delicadas, enquanto espécies de folhas largas transmitem uma impressão robusta. Ao combinar diferentes formas de crescimento, cria-se uma imagem dinâmica e vibrante no aquário. Plantas de caule que crescem eretas complementam bem as espécies de forma roseta ou aquelas que formam estolões horizontais. Através da combinação inteligente de diferentes espécies, o plano médio pode ser moldado de forma individual e adaptado às necessidades dos habitantes do aquário. Um plano médio densamente plantado não apenas oferece esconderijos, mas também contribui para o bem-estar dos animais. As plantas criam um habitat natural e promovem um biotopo aquático equilibrado. Assim, um aquário com um plano médio bem projetado pode se tornar um fascinante jardim subaquático. A escolha e o cuidado adequados das plantas são decisivos para um aquário saudável e atraente.

Bom saber

Plantas de forma roseta

Plantas cujas folhas crescem em círculo a partir de uma base central, formando assim uma roseta. Essa forma permite uma captação ideal de luz, especialmente próxima ao fundo.

Troca parcial de água

Substituição regular de uma parte da água do aquário por água fresca. Ajuda a manter a qualidade da água, reduzir poluentes e oferecer condições ideais de crescimento para as plantas.

Plantas de caule

Crescem geralmente de forma vertical e formam folhas e brotações laterais ao longo do caule. São adequadas para a composição do fundo e do plano médio no aquário.

Plantas rizomatosas

Plantas com caules horizontais (rizomas), a partir dos quais surgem novos brotos e raízes. Espalham-se horizontalmente no aquário e formam densos aglomerados.

Substrato para aquários

Substrato especial para aquários que contém nutrientes para plantas aquáticas e também serve como meio filtrante. Diferentes granulometrias e composições estão disponíveis para diferentes espécies de plantas e tipos de aquários.

Seleção de Plantas para o Meio do Aquário

Taxa de crescimento vs. necessidade de luz para plantas de aquário nano.

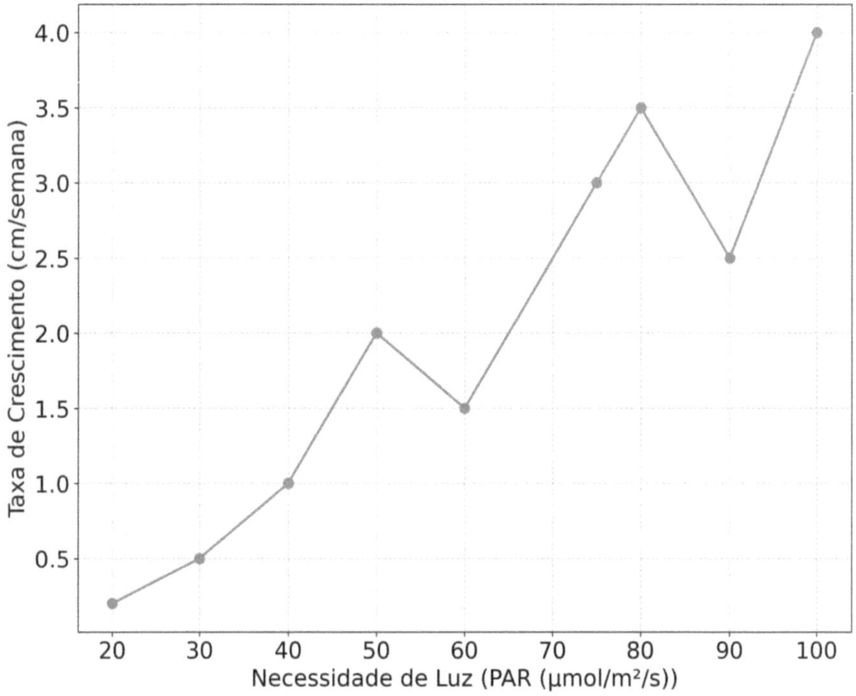

Este gráfico demonstra a relação entre a taxa de crescimento e as necessidades de luz. Plantas de crescimento rápido geralmente precisam de mais luz, enquanto plantas de crescimento mais lento podem tolerar condições de luz mais baixas. Isso permite a seleção com base na iluminação do aquário e na frequência de manutenção desejada.

Plantas de fundo

As plantas de fundo formam o fechamento visual de um aquário e contribuem significativamente para a profundidade espacial. Elas cobrem a parede de trás e a tecnologia no tanque, criando assim um ambiente mais natural. A escolha das espécies adequadas depende do tamanho do tanque, das condições de luz e dos parâmetros da água. Em aquários altos, as plantas de haste que crescem até a superfície da água e formam densos aglomerados são uma boa opção. Em tanques menores, espécies de menor porte, como algumas espécies de Bucephalandra que crescem em pedras ou raízes, são uma escolha adequada. As necessidades de luz variam de acordo com a espécie. Algumas plantas de fundo toleram áreas sombreadas, enquanto outras precisam de muita luz para exibir sua plena exuberância de cores. Uma iluminação adequada é importante para atender tanto às necessidades das plantas quanto para evitar o crescimento de algas. Nutrientes são essenciais para um crescimento saudável das plantas. Um substrato rico em nutrientes e uma fertilização regular com fertilizantes líquidos fornecem às plantas os elementos necessários. A dosagem do fertilizante deve ser ajustada ao tamanho do tanque e à população de peixes, a fim de evitar a superfertilização e o consequente crescimento de algas. Os parâmetros da água, como temperatura e pH, também influenciam o crescimento das plantas de fundo. A maioria das espécies prefere água macia a média, com um pH neutro a levemente ácido. Trocas regulares de teilwasserwechsel ajudam a manter a qualidade da água no aquário e a oferecer condições ideais de crescimento para as plantas.

Além de sua função estética, as plantas de fundo também desempenham papéis importantes no aquário. Elas oferecem esconderijos para peixes tímidos e alevinos e contribuem para a melhoria da qualidade da água, consumindo nutrientes e produzindo oxigênio. Ao escolher as plantas de fundo, deve-se considerar também as necessidades dos outros habitantes do aquário. Algumas espécies de peixes gostam de roer plantas. Nesses casos, deve-se optar por espécies robustas que possam resistir às atividades dos peixes. O plantio das plantas de fundo geralmente é feito em grupos. As plantas de haste podem ser inseridas diretamente no substrato, enquanto as plantas epífitas, como algumas espécies de Microsorum, são fixadas em pedras ou raízes. Um corte regular mantém a forma desejada e promove um crescimento arbustivo. Folhas mortas devem ser removidas para preservar a qualidade da água e prevenir processos de decomposição.

Microsorum [i15]

A combinação de diferentes plantas de fundo com diversas formas, cores e tamanhos de folhas cria um visual variado e natural. Assim, a combinação de plantas de folhas vermelhas com espécies de folhas verdes pode criar um contraste de cores interessante. Diferentes estruturas de folhas também contribuem para a diversidade visual. Plantas de folhas finas parecem delicadas, enquanto espécies de folhas largas transmitem uma impressão robusta. A escolha da cor de fundo pode, como na manutenção de certas espécies de rãs, influenciar o

Vallisneria gigantea [i16]

comportamento e o nível de estresse dos animais. Fundos verdes e cinzentos parecem ter um efeito redutor de estresse [s31]. Este princípio pode ser aplicado ao design do aquário, ajustando as cores das plantas de fundo às necessidades dos habitantes do aquário. Por exemplo, tons escuros e tranquilos podem levar a um maior bem-estar em espécies de peixes tímidos. A combinação habilidosa de plantas de fundo permite personalizar o aquário e adaptá-lo às necessidades dos habitantes. Um fundo densamente plantado não só oferece esconderijos, mas também contribui para o bem-estar dos animais. As plantas criam um habitat natural e promovem um biotopo aquático equilibrado. Por exemplo, um denso plantio de Vallisneria gigantea no fundo de um aquário maior pode oferecer aos peixes locais de refúgio e, ao mesmo tempo, melhorar o ambiente aquático através da produção de oxigênio. Com a escolha e o cuidado adequados das plantas, cria-se um paraíso subaquático atraente e saudável para peixes e plantas.

Bom saber

Plantas de haste

Plantas de haste são uma escolha popular para a decoração de fundos de aquários. Elas crescem rapidamente e formam densos aglomerados, oferecendo esconderijos para os peixes. Ao escolher plantas de haste, deve-se considerar a velocidade de crescimento e as necessidades de luz para garantir que sejam adequadas para o aquário em questão.

Plantas epífitas

Plantas epífitas crescem em pedras ou raízes e são especialmente adequadas para a decoração de aquários nano. Elas não precisam ser plantadas no substrato e oferecem uma maneira interessante de decorar o aquário. Ao escolher plantas epífitas, deve-se considerar as necessidades de luz e o tamanho para garantir que sejam adequadas para o aquário em questão.

Vallisneria gigantea

Vallisneria gigantea é uma planta de fundo de crescimento rápido, especialmente adequada para aquários maiores. Ela forma folhas longas e em forma de fita, oferecendo esconderijos para os peixes. Ao escolher Vallisneria gigantea, deve-se considerar o tamanho do aquário, pois ela pode crescer bastante.

Necessidade de espaço de plantas de fundo

Necessidade de espaço de diferentes plantas de fundo para nanoaquários.

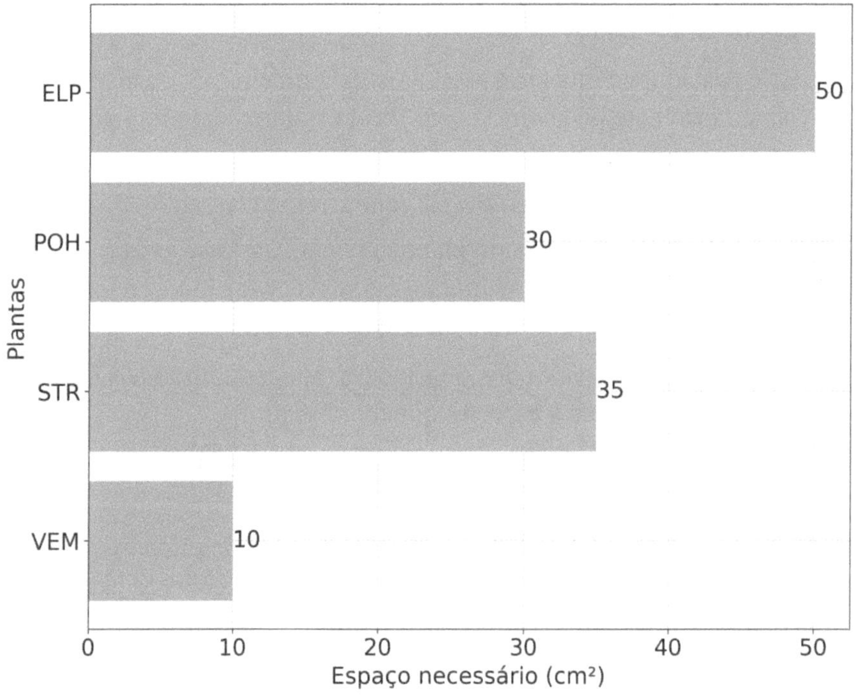

ELP: Eleocharis parvula

POH: Pogostemon helferi

STR: Staurogyne repens

VEM: Vesicularia montagnei

O gráfico de barras visualiza a necessidade de espaço de diferentes plantas de fundo. Eleocharis parvula precisa de menos espaço e, portanto, é particularmente adequada para pequenos aquários. Pogostemon helferi e Staurogyne repens requerem significativamente mais espaço e são adequadas para nanoaquários maiores. Vesicularia montagnei precisa de mais espaço e deve ser usada apenas em tanques maiores.

Conselhos concretos

- Considere a seleção de plantas no primeiro plano como a criação de um jardim: combine diferentes alturas e texturas para um visual variado.
- Trabalhe com a forma de crescimento natural das plantas: deixe coberturas de solo de crescimento rápido conquistar áreas específicas e corte-as em outros locais.
- Crie destaques com plantas solitárias no primeiro plano: uma única planta marcante pode ser o ponto focal e valorizar o efeito geral.
- Utilize substratos de diferentes cores para destacar as cores das plantas do primeiro plano e criar contrastes interessantes.
- Escolha plantas do primeiro plano também com base em sua função: produtores de oxigênio melhoram o ambiente aquático, enquanto espécies de raízes fortes estabilizam o substrato.
- Pense nas necessidades dos seus peixes: plantas com folhas grossas são mais resistentes a espécies que mordiscam.
- Crie pequenas ilhas de luz e zonas de sombra no primeiro plano para cultivar diferentes espécies de plantas lado a lado.
- Experimente colocações incomuns: fixe plantas de primeiro plano que permanecem pequenas em pedras ou raízes pequenas para direcionar o olhar.
- Use fios finos e transparentes para posicionar plantas flutuantes do primeiro plano de forma precisa e evitar que subam à superfície.
- Integre pequenos galhos de forma natural no primeiro plano para dar suporte às plantas e soltar a estrutura do substrato.

Revisão - 2. Fauna e Seleção de Espécies

A ocupação do seu nano-aquário requer planejamento cuidadoso e pesquisa aprofundada. Comece escolhendo entre um aquário de água doce ou salgada, pois isso influenciará significativamente a seleção de animais e plantas. Ao escolher as espécies, sempre considere o tamanho final dos animais e seu comportamento social. Um aquário superlotado, mesmo em formato pequeno, rapidamente leva a problemas com a qualidade da água e compromete o bem-estar dos habitantes do seu aquário. Siga a regra prática "menos é mais" e concentre-se em poucas espécies bem selecionadas que possam viver uma vida longa e saudável em seu mini-biotopo.

Ao planejar a ocupação, pense nas diferentes camadas do seu aquário. Na parte frontal, opte por plantas rasteiras que formem um denso tapete verde e direcionem o olhar para as demais plantas. Preste atenção à velocidade de crescimento e às necessidades de luz das espécies escolhidas. No meio, você pode usar plantas mais altas que ofereçam estrutura e esconderijos. Escolha espécies com diferentes formas e cores de folhas para criar um visual variado. No fundo, recomenda-se plantas de crescimento alto que formem um fechamento visual e escondam a parede de trás. Aqui também, considere as necessidades de luz e a velocidade de crescimento.

A convivência de peixes, camarões e caramujos requer atenção especial. Informe-se sobre a compatibilidade das espécies e assegure-se de que as necessidades de todos os habitantes sejam atendidas. Lembre-se de que algumas espécies de peixes podem comer camarões ou caramujos. Crie esconderijos suficientes, como plantas densas ou tapetes de musgo, para minimizar o estresse dos animais. A alimentação também deve ser adaptada às necessidades de todos os habitantes. O excesso de alimentação leva a uma maior carga na água e pode promover o crescimento de algas. Prefira alimentar várias vezes ao dia com pequenas porções que sejam consumidas em poucos minutos.

No aquário de água salgada, princípios semelhantes se aplicam. Escolha corais que cresçam lentamente e não dominem rapidamente o espaço limitado. Preste atenção à colocação dos corais no aquário e considere suas necessidades de luz e corrente. Ao escolher os peixes, também deve-se atentar ao tamanho final e ao comportamento social. A qualidade da água é especialmente importante em aquários de água salgada. Trocas regulares de água e o uso de um skimmer eficiente são essenciais para remover poluentes e criar condições ideais para os animais. Evite o contato de restos de cigarros e fontes de microplásticos com a água do aquário, pois isso pode comprometer a saúde dos animais.

Um nano-aquário bem planejado e mantido pode ser um fascinante biotopo em miniatura e proporcionar muita alegria. Invista tempo no planejamento e informe-se detalhadamente sobre as necessidades das espécies que você escolheu. Com a seleção e os cuidados adequados, você criará um ecossistema harmonioso onde seus habitantes do aquário poderão viver saudáveis e felizes.

3. Arranjo e Design

Você já se perguntou como um pequeno aquário pode ter um impacto impressionante, apesar de seu espaço limitado? A arte da nano-aquarística reside no uso cuidadoso de cada centímetro para criar um fascinante mundo subaquático. Enquanto aquários grandes muitas vezes impressionam apenas pelo tamanho, os mini-tanques revelam seu charme por meio de um planejamento preciso e truques de design inteligentes. Uma interação harmoniosa entre plantas, decoração e tecnologia transforma até os menores tanques em recortes vivos da natureza. Vamos descobrir juntos como você pode transformar seu nano-aquário em uma sensação visual.

3. 1 Conceitos de Decoração

Os conceitos de design para aquários nano influenciam significativamente o bem-estar dos habitantes e a estética do tanque. A escolha do layout adequado, dos materiais e da plantação apresenta desafios específicos para os aquaristas – especialmente no espaço limitado de um mini-tanque. Diferentes direções de design, desde o natural até o minimalista, oferecem diversas possibilidades para criar um ecossistema funcional e visualmente atraente. Descubra os diferentes conceitos e encontre a melhor configuração para o seu aquário nano.

A configuração adequada de um nano-aquário, seja natural, minimalista ou como biotopo, prioriza sempre as necessidades dos habitantes.

Design Natural

O design natural no nano-aquário orienta-se pelos habitats naturais das espécies mantidas. Ele busca reproduzir, em pequena escala, as paisagens subaquáticas de rios, lagos ou mares. Isso não apenas promove o bem-estar dos habitantes do aquário, mas também cria um ambiente esteticamente agradável para o observador. Um layout natural leva em consideração as necessidades dos animais e plantas, integrando elementos como substrato, pedras, madeira e vegetação em uma composição harmoniosa. A escolha do substrato depende das espécies mantidas e influencia a química da água. Por exemplo, camarões necessitam de um substrato diferente do que os peixes. Pedras e madeira não servem apenas para decoração, mas também oferecem esconderijos e locais de desova. Elas estruturam o aquário e criam diferentes zonas. A vegetação desempenha um papel crucial no oekosystem do aquário. Ela produz oxigênio, filtra poluentes e oferece alimento e abrigo aos animais. A iluminação adequada também é essencial para um crescimento saudável das plantas e para a manutenção adequada dos habitantes do aquário. Um equilíbrio entre luz e sombra simula condições naturais e previne o crescimento de algas. O design dos habitats deve ser ajustado às necessidades dos habitantes, a fim de apoiar sua independência e qualidade de vida. [s32] Aplicado ao nano-aquário, isso significa ajustar a configuração às necessidades das respectivas espécies, proporcionando um ambiente adequado. A integração de elementos visuais e acústicos pode aumentar ainda mais o bem-estar dos habitantes do aquário, por exemplo, através de uma suave corrente de água gerada por um filtro apropriado. [s32] Um nano-aquário natural pode, assim, criar um pequeno biotopo em casa, que traz alegria tanto para os animais quanto para o observador. A cuidadosa seleção e disposição dos elementos – incluindo substrato, pedras, madeira e plantas – cria um ecossistema harmonioso e vibrante. Considerar as

necessidades específicas dos habitantes do aquário é a chave para o sucesso.

Biotopo [i17]

local de desova [i18]

Distribuição de Elementos Naturais em um Nano Aquário

Proporção de elementos naturais em um projeto de nano aquário.

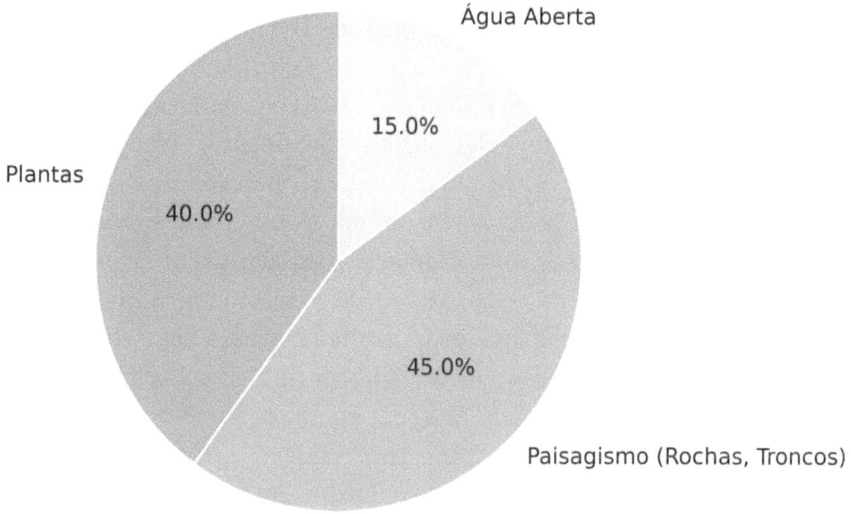

- AGU: Água Aberta
- PAI: Paisagismo (Rochas, Troncos)
- PLA: Plantas

A visualização destaca a importância de elementos de hardscape, como rochas e troncos, na criação de um aquário natural. Embora as plantas contribuam significativamente para a estética geral e o ecossistema, a proporção substancial alocada ao hardscape enfatiza seu papel na definição do layout e no fornecimento de estrutura para a vida aquática. A menor porcentagem dedicada à água aberta permite o movimento dos peixes e o equilíbrio visual, evitando que o tanque pareça superlotado.

Arranjos Minimalistas

Arranjos aquáticos minimalistas apostam na redução e clareza. Menos é mais – este princípio se reflete na escolha consciente e no uso econômico de elementos decorativos. O objetivo é uma imagem subaquática esteticamente agradável, concentrada no essencial. Isso não apenas beneficia a estética, mas também simplifica os cuidados e oferece aos habitantes do aquário, apesar da decoração reduzida, espaço suficiente para nadar e liberdade de movimento. A concentração em poucos elementos cuidadosamente selecionados direciona o olhar para sua forma, cor e textura. Uma única pedra marcante ou uma raiz artisticamente moldada pode se tornar um ponto focal e conferir um toque individual ao aquário. A plantação também segue a abordagem minimalista. Em vez de uma variedade exuberante, são utilizadas poucas espécies de plantas bem harmonizadas. Suas formas de crescimento e cores ressaltam o design reduzido. Por exemplo, alguns caules de uma planta de fundo alta, em combinação com uma pequena planta de primeiro plano compacta, podem criar um contraste harmonioso. A escolha do substrato também contribui para a imagem geral. Um fundo de areia fina e clara intensifica a impressão de amplitude e limpeza, enquanto seixos escuros formam um contraste natural com as plantas e elementos decorativos. A instalação técnica deve ser integrada de forma discreta. Filtros e aquecedores podem ser escondidos atrás da decoração ou em um compartimento de filtro. A iluminação também desempenha um papel importante. Um direcionamento da luz destaca os elementos selecionados e cria uma atmosfera envolvente. Na criação de um aquário minimalista, a escolha dos habitantes do aquário é crucial. Espécies de peixes menores e tranquilos ou camarões se encaixam bem nesse estilo de decoração e ressaltam a calma e clareza do arranjo. Um cardume de pequenos peixes prateados contra um fundo escuro pode representar um fascinante ponto focal. A redução ao essencial requer um planejamento cuidadoso e a seleção dos componentes individuais. Cada elemento deve estar harmoniosamente ajustado em forma, cor e tamanho para criar uma imagem coesa. O espaço livre no aquário é utilizado de forma consciente para intensificar o efeito dos poucos elementos selecionados. Um aquário minimalista oferece a oportunidade de reduzir a beleza do mundo subaquático ao essencial e criar um ambiente esteticamente exigente e de fácil manutenção para os habitantes do aquário. Assim, um Nano-Cube de 20 litros com fundo de seixos escuros, uma única raiz e um pequeno grupo de camarões anões pode ser um impressionante exemplo de um Aquascape minimalista. A elegância simples desse arranjo acalma o olhar e permite que os pequenos habitantes se destaquem. O cuidado de um aquário assim é também relativamente simples, pois menos elementos decorativos precisam ser limpos e menos plantas precisam ser podadas. O controle regular dos parâmetros da água e o uso econômico de fertilizantes garantem um ecossistema estável e saudável, onde os habitantes do aquário se sentem bem. A limitação consciente a poucos elementos resulta em um habitat bem estruturado e harmonioso, que beneficia tanto os animais quanto o observador. O minimalismo no aquário é, portanto, mais do que uma tendência – é uma filosofia que harmoniza estética, funcionalidade e bem-estar animal.

Aquascaping [i19]

Nano Cubo [i20]

Raiz (Aquário) [i21]

Bom saber

Aquascape

Um Aquascape é a criação de paisagens subaquáticas em um aquário, onde aspectos estéticos estão em primeiro plano. Combina a manutenção de aquários com a arte de jardinagem, criando assim uma obra de arte viva.

Nano-Cube

Um Nano-Cube é um pequeno aquário em forma de cubo, que devido ao seu tamanho reduzido é especialmente adequado para arranjos aquáticos minimalistas e para a manutenção de camarões anões ou pequenas espécies de peixes.

Design de Nano Aquário: Espaço vs. Decoração

Visualizando aquapaisagismo minimalista.

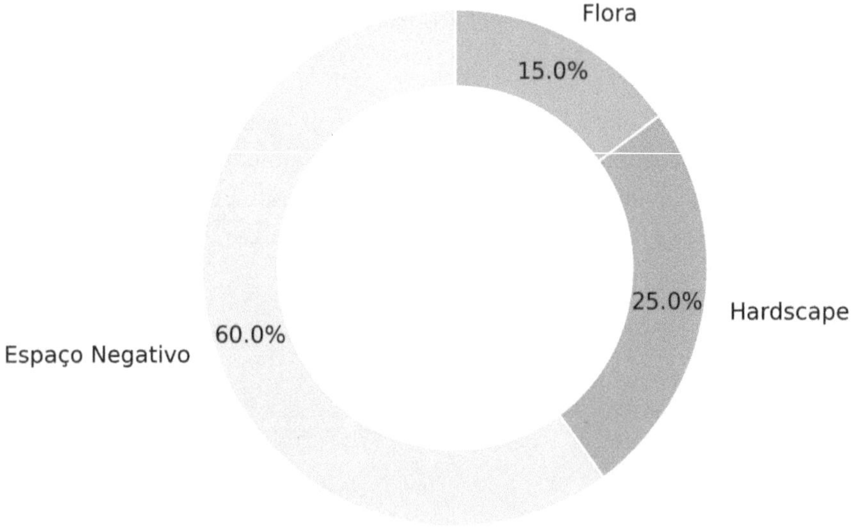

- FLR: Flora
- HRD: Hardscape
- NEG: Espaço Negativo

Este gráfico enfatiza o papel significativo do espaço aberto em uma configuração minimalista de nano aquário. A grande proporção dedicada ao 'Espaço Negativo' ressalta o princípio do 'menos é mais'. Embora o hardscape e a flora sejam essenciais, sua presença contida cria uma sensação de tranquilidade e destaca os elementos individuais, permitindo que a fauna e a vida aquática se destaquem. Este equilíbrio permite um aquapaisagismo visualmente atraente sem parecer desordenado ou opressor.

Decoração de biótopo

A decoração de biótopo em aquários nano significa reproduzir com precisão habitats nativos ou geograficamente limitados. Não se trata apenas da reprodução estética de uma determinada região, mas principalmente da criação de um ecossistema funcional em miniatura. Isso requer um conhecimento abrangente sobre as interações dos organismos presentes no biótopo, suas exigências específicas em relação aos parâmetros da água, iluminação e alimentação. Um biótopo amazônico difere fundamentalmente de um biótopo de água preta asiático – não apenas visualmente, mas também em relação aos parâmetros químicos e biológicos. A simulação de um biótopo de água preta ácida, entre outras coisas, requer o uso de madeiras e folhas especiais que liberam ácidos húmicos e reduzem o pH. A seleção da flora e fauna também deve ser rigorosamente orientada pelos modelos naturais. Um aquário sul-americano com peixes disco não se compatibiliza com camarões asiáticos. Portanto, a pesquisa precisa das condições naturais é essencial. A disposição espacial e a profundidade das diferentes estruturas de habitat influenciam a adequação do biótopo, sendo que águas mais rasas próximas a manguezais apresentam maiores valores de adequação [s33]. Transpondo isso para o aquário nano, significa considerar as diferentes necessidades dos organismos em seu habitat por meio de um design direcionado. Um biótopo denso de gramíneas aquáticas oferece proteção a outras espécies, diferente de um fundo rochoso. Também no aquário nano, diferentes zonas podem ser criadas para atender às necessidades de diferentes espécies. Assim, peixes menores podem encontrar abrigo em áreas densamente plantadas, enquanto espécies maiores necessitam de espaços abertos para nadar. O uso de materiais naturais, como pedras, madeira e folhas, contribui para a criação de um biótopo autêntico. É importante garantir que os materiais estejam livres de poluentes e não afetem negativamente os parâmetros da água. A

composição química e estrutural dos materiais pode mudar ao longo do tempo no aquário [s34]. Portanto, é necessária uma verificação regular dos parâmetros da água e, se necessário, uma troca parcial da água para garantir um ecossistema estável e saudável. Um aquário biótopo bem planejado e implementado não apenas oferece um habitat adequado para os animais, mas também é um espetáculo fascinante da natureza para o observador.

Mangais [i22]

Bom saber

Biótopo

Um biótopo é um habitat com condições ambientais específicas (como água, luz, temperatura), onde diferentes plantas e animais coexistem. No aquário nano, tenta-se reproduzir um habitat natural desse tipo.

Biótopo de água preta

Um biótopo caracterizado por água escura e ácida, que se forma a partir de substâncias húmicas de material vegetal em decomposição. Abriga espécies de peixes e plantas especializadas adaptadas a essas condições.

Estruturas de habitat

A disposição espacial de elementos no habitat que oferecem proteção, alimento ou oportunidades de reprodução para os animais, como cavernas, raízes ou densas formações de plantas.

Manguezais

Árvores e arbustos que crescem em água salina em áreas costeiras tropicais e subtropicais. Eles oferecem um habitat importante para muitas espécies de peixes e invertebrados.

Estilos de Biotopos de Aquários Nano Comuns

Distribuição típica de elementos de hardscape

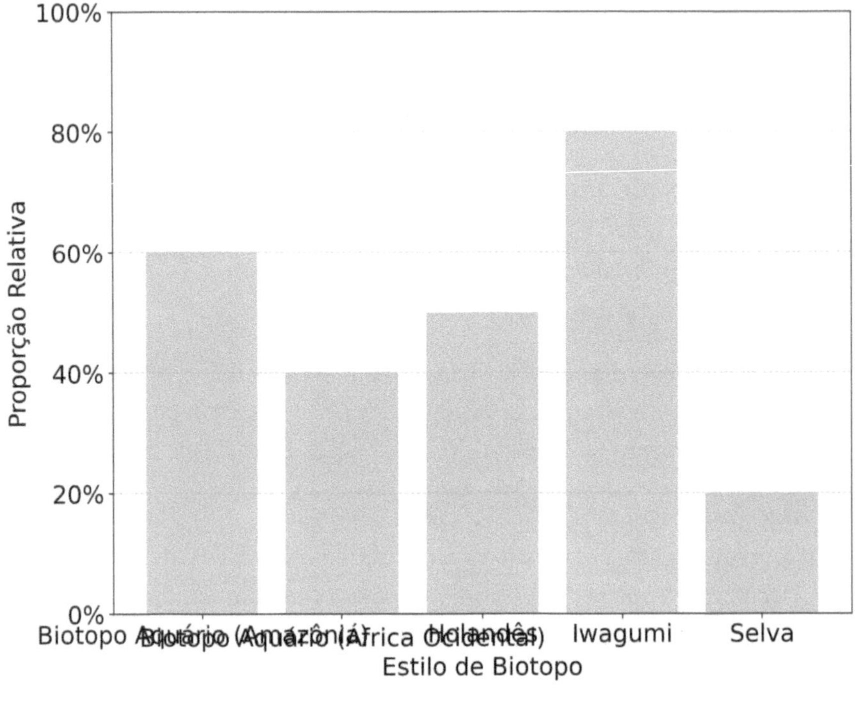

Bio: Biotopo Aquário (Amazônia) Dut: Holandês

Iwa: Iwagumi Jun: Selva

O estilo Iwagumi enfatiza uma estética minimalista com foco em rochas e espaço aberto. O estilo Selva, em contraste, prioriza o plantio denso e madeira, criando uma aparência exuberante e coberta de vegetação. O estilo Holandês exibe uma vibrante variedade de plantas dispostas em terraços e grupos distintos. O Biotopo Aquário visa a replicação precisa de um ambiente natural específico, resultando em hardscape variável dependendo do habitat escolhido.

Conselhos concretos

- Desenvolva uma paleta de cores própria para o seu conceito de aquário, com no máximo três cores principais, e aplique-a de forma consistente na escolha de plantas, substrato e decoração.
- Brinque com a profundidade: coloque elementos decorativos mais altos ao fundo e mais baixos à frente, para criar a impressão de profundidade espacial.
- Aproveite o reflexo na superfície da água: posicione plantas ou elementos decorativos especialmente bonitos de forma que se reflitam na água, destacando-se em dobro.
- Trabalhe com diferentes texturas: combine pedras lisas com madeira áspera e folhas de plantas finas, para criar um contraste interessante.
- Ilumine áreas específicas de forma direcionada: destaque elementos de design especiais com pequenas fontes de luz focadas.
- Crie linhas dinâmicas: use pedras ou raízes dispostas em ângulo para guiar o olhar do observador pelo aquário.
- Integre achados naturais: uma pedra com formato incomum ou um pedaço de madeira flutuante desgastada pode dar um toque individual ao seu aquário.
- Deixe espaços em branco intencionalmente: nem todo centímetro do aquário precisa ser plantado ou decorado. Áreas vazias criam tranquilidade e fazem os elementos existentes se destacarem melhor.
- Varie o tamanho dos elementos: combine pedras grandes com seixos pequenos e plantas grandes com musgo fino, para criar uma imagem variada.

3. 2 Planejamento do Espaço

O planejamento do espaço no nano-aquário maximiza o espaço disponível e considera as necessidades dos habitantes. Um design bem pensado cria zonas funcionais para nadar, recuar e comportamentos adequados à espécie, enquanto a estética também é valorizada. No entanto, erros no planejamento podem levar a estresse, doenças e uma aparência geral visualmente desarmônica. Descubra como estruturar seu pequeno cosmos subaquático de forma ideal e criar um mini-ecossistema florescente.

No Nano-Aquário, cada centímetro conta. Portanto, o planejamento estratégico das zonas, como áreas de natação e esconderijos, deve ser realizado para atender às necessidades dos habitantes e, ao mesmo tempo, facilitar a manutenção.

Divisão de Zonas

A divisão de zonas no nano-aquário é multidimensional e considera tanto as necessidades dos habitantes quanto as exigências estéticas do observador. Em vez de ver o aquário como um espaço homogêneo, deve-se criar diferentes áreas com funções distintas. Essa zonificação promove o comportamento natural dos habitantes do aquário e facilita os cuidados. As diferentes zonas podem se sobrepor e não precisam ser estritamente separadas. No entanto, uma estrutura clara é útil para criar um ecossistema funcional e visualmente atraente. [s35] A estruturação das zonas pode ser feita de acordo com sua importância. Assim, áreas de importância geral, como zonas de natação abertas, podem ser diferenciadas de zonas com importância moderada, alta ou extrema. Zonas especialmente importantes incluem, por exemplo, locais de refúgio para animais tímidos ou áreas com requisitos especiais para os parâmetros da água. Essa classificação ajuda a considerar as diferentes necessidades dos habitantes do aquário de forma direcionada e a criar um ambiente equilibrado. Em vez de se concentrar apenas na estética, essa abordagem permite uma avaliação mais objetiva das diferentes áreas e suas funções no sistema como um todo. [s35] Um denso plantio em uma determinada área pode servir, entre outras coisas, como refúgio para camarões ou peixes jovens, ao mesmo tempo em que melhora a qualidade da água, absorvendo nutrientes em excesso. A delimitação das zonas pode ser feita por meio de diferentes elementos de design. Elementos de hardscape, como pedras, raízes ou cavernas, estruturam o espaço e criam barreiras naturais. O plantio também desempenha um papel crucial: densas plantações formam limites visuais e oferecem proteção e esconderijos. Diferentes substratos também podem ser utilizados para delimitar zonas e adaptados às necessidades dos habitantes. Por exemplo, um substrato de areia fina na frente pode ser adequado para animais que cavam, enquanto um cascalho mais grosso no fundo apoia o plantio. A zonificação também deve facilitar as tarefas de limpeza e manutenção. Zonas de natação abertas permitem acesso desimpedido para a rede e facilitam a remoção de mulm. Através de uma colocação inteligente de decorações e plantas, áreas de difícil acesso podem ser evitadas. Uma divisão de zonas bem pensada simplifica, portanto, a manutenção regular e contribui a longo prazo para o sucesso do nano-aquário. De forma análoga ao planejamento de espaços externos, onde caminhos e áreas verdes são estrategicamente projetados para otimizar o uso, a zonificação no aquário serve para a melhor configuração do habitat para os habitantes aquáticos. [s36] As diferentes áreas do aquário podem, assim como em um mapeamento, ser subdivididas em subáreas para garantir uma configuração e manutenção ideais. Por exemplo, áreas para determinadas espécies de plantas ou para a fertilização direcionada podem ser delimitadas.

Aquascaping [i23]

Bom saber

Hardscape

Elementos de hardscape, como pedras, raízes e cavernas, organizam o espaço no nano-aquário e criam diferentes zonas que podem servir como esconderijos, locais de desova ou territórios para os habitantes.

Mulm

Mulm é o depósito orgânico no fundo do nano-aquário, formado por restos de alimentos, restos de plantas e excrementos dos habitantes. Ao zonificar, deve-se planejar áreas que facilitem a remoção de mulm.

Zonificação

No nano-aquário, a zonificação ajuda a criar diferentes áreas para as diversas necessidades dos habitantes, como zonas de natação abertas, locais de refúgio densamente plantados ou áreas com parâmetros de água especiais. Isso promove o comportamento natural e facilita os cuidados.

Zonas do Nano Aquário

Distribuição típica das zonas de um nano aquário.

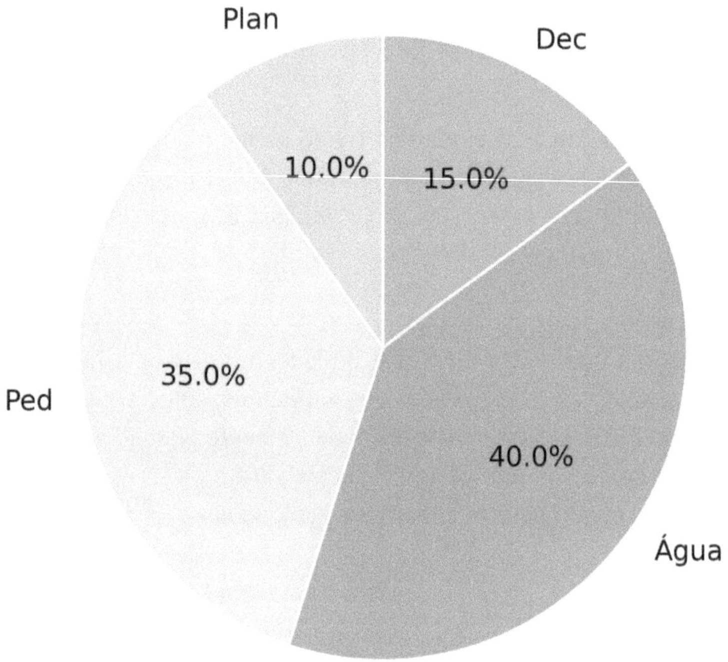

Água: Água Aberta
Dec: Decoração
Ped: Substrato
Plan: Zona de Plantio

Este gráfico destaca a importância da alocação cuidadosa do espaço em um nano aquário. A parte substancial dedicada à zona 'Água Aberta' permite o movimento dos peixes e o equilíbrio estético geral. 'Zona de Plantio' enfatiza o papel da flora aquática na oxigenação e no apelo visual. Embora menores, as zonas 'Decoração' e 'Substrato' são cruciais para fornecer abrigo, promover bactérias benéficas e o design geral do aquário.

Áreas de natação

Áreas de natação abertas no nano-aquário desempenham uma função importante para a saúde e o bem-estar dos habitantes do aquário. Espaço suficiente para nadar livremente contribui para o comportamento natural dos peixes e previne o estresse. Condições apertadas podem levar a agressões e doenças, enquanto uma área de natação generosa fortalece o sistema imunológico e aumenta a qualidade de vida dos animais. O tamanho da área de natação necessária depende da espécie e do tamanho dos peixes. Espécies ativas, como as barbos, precisam de mais espaço do que espécies mais tranquilas. Portanto, ao planejar o aquário, deve-se considerar a futura besatzdichte e as necessidades das respectivas espécies de peixes. Um plantio exuberante nas bordas e ao fundo do aquário não apenas cria zonas visualmente atraentes, mas também deixa espaço livre suficiente para nadar na frente. Assim, um equilíbrio harmonioso entre estrutura e espaço livre é criado. A colocação de elementos decorativos, como pedras e raízes, deve ser feita de modo que as áreas centrais de natação não sejam restringidas. A disposição inteligente de elementos de hardscape pode criar linhas de visão interessantes e perspectivas variadas, sem tirar dos peixes o espaço necessário para se mover. Uma área de natação bem estruturada pode até influenciar positivamente o bem-estar do observador. Estudos mostram que observar peixes em um aquário pode ter um efeito calmante e redutor de estresse [s37]. Portanto, um aquário projetado de forma adequada, com espaço suficiente para os peixes, beneficia não apenas os animais, mas também promove o bem-estar do cuidador. Uma área de natação aberta e bem visível também permite uma melhor observação dos peixes e facilita o controle de seu estado de saúde. Mudanças no comportamento ou na aparência dos animais podem ser detectadas precocemente, permitindo que medidas apropriadas sejam tomadas. Além disso, uma área de natação livre oferece a oportunidade de estudar melhor o comportamento natural dos peixes e observar suas interações sociais. A interação dos peixes entre si e seus padrões de movimento na água oferecem insights fascinantes sobre o mundo do nano-aquário. Um aquário excessivamente plantado ou sobrecarregado de decoração, por outro lado, dificulta a observação e pode prejudicar o comportamento natural dos peixes. Portanto, o design da área de natação deve ser cuidadosamente planejado e ajustado às necessidades das respectivas espécies de peixes. Assim, o nano-aquário se torna um ecossistema vibrante e harmonioso, que proporciona alegria tanto aos animais quanto ao observador.

Cardume de peixes [i24]

Zonas de Natação do Nano Aquário

Dimensões ideais da zona de natação com base no comprimento do peixe.

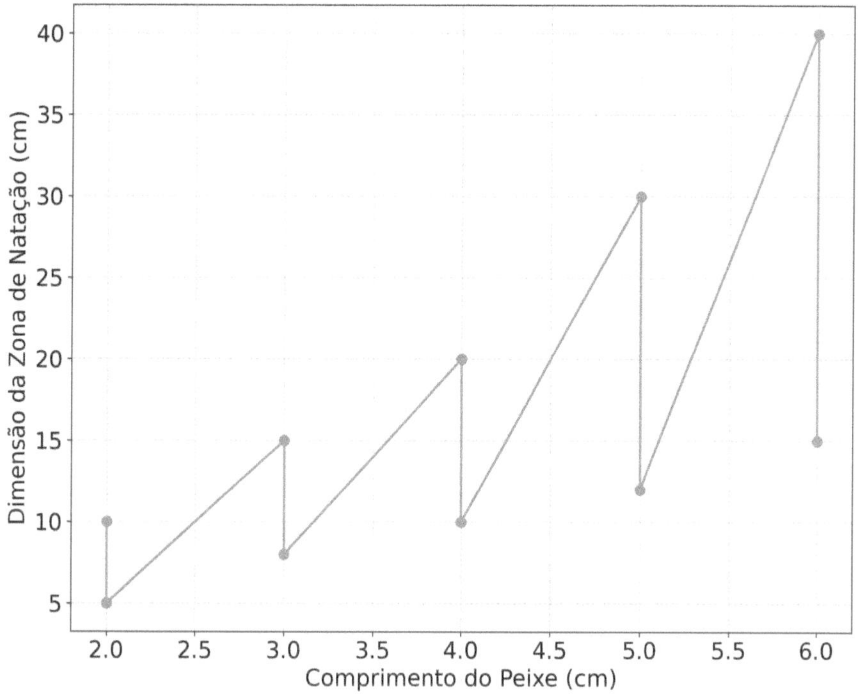

O gráfico demonstra a correlação entre o comprimento do peixe e as dimensões recomendadas da zona de natação. Peixes maiores requerem proporcionalmente mais espaço para nadar, tanto em comprimento quanto em profundidade. Isso destaca a importância de adaptar as dimensões do tanque às necessidades específicas dos habitantes para garantir seu bem-estar e minimizar o estresse. Um pequeno aumento no comprimento do peixe pode exigir uma expansão significativa da zona de natação, principalmente em comprimento.

Esconderijos

Os locais de refúgio e esconderijos são essenciais para o bem-estar dos habitantes do aquário. Eles oferecem proteção contra o estresse, servem para a delimitação de território e promovem o comportamento natural. Uma oferta variada de esconderijos reduz a agressão intraespecífica e oferece aos animais tímidos ou de hierarquia inferior a oportunidade de se retirar e evitar conflitos. A criação desses locais de refúgio deve ser adaptada às necessidades específicas das espécies em questão. Assim, alguns habitantes do fundo preferem cavernas e tubos, enquanto outras espécies utilizam densas plantações ou raízes pendentes como abrigo. Os materiais para esconderijos são diversos. Além de materiais naturais como pedras, raízes e folhas, também são adequados esconderijos artificiais, tubos de argila ou esconderijos especiais de cerâmica ou plástico. Ao escolher os materiais, deve-se atentar à compatibilidade com a água e à ausência de substâncias nocivas. Bordas afiadas ou estruturas pontiagudas devem ser evitadas para prevenir lesões nos animais. Um exemplo de um esconderijo bem adequado para camarões ou peixes menores é uma casca de coco, cuja dura casca externa oferece proteção e o interior fibroso serve como espaço adicional de refúgio. A colocação dos esconderijos no aquário deve ser feita de forma estratégica. A distribuição de locais de refúgio em diferentes zonas – no primeiro plano, no meio e no fundo – utiliza de forma ideal todo o habitat e atende às diferentes necessidades dos habitantes. Uma concentração de esconderijos em apenas uma área pode levar a lutas territoriais e estresse. A combinação de diferentes tipos de esconderijos – cavernas, fendas, densa vegetação – também enriquece o habitat e oferece aos animais uma maior variedade de opções de refúgio. Assim, uma raiz colocada próxima a uma densa vegetação pode criar uma área segura e protegida, onde os animais podem se esconder tanto na caverna da raiz quanto na densa folhagem. O número de esconderijos deve ser ajustado à besatzdichte e às necessidades das respectivas espécies. Uma regra geral afirma que deve haver pelo menos um esconderijo para cada peixe, idealmente mais. Especialmente na manutenção de peixes em grupo ou de espécies territoriais, é importante ter uma oferta suficiente de locais de refúgio para minimizar conflitos. Ao montar o aquário, é aconselhável inicialmente incluir mais esconderijos do que o necessário teoricamente. Assim, os animais podem escolher quais esconderijos preferem, e os que não são utilizados podem ser removidos posteriormente. Observe o comportamento dos habitantes do seu aquário: eles utilizam todos os esconderijos disponíveis? Existem sinais de estresse ou agressão? Com base nessas observações, é possível otimizar a quantidade e a disposição dos esconderijos. A limpeza dos esconderijos deve ser realizada regularmente como parte dos cuidados com o aquário. Acúmulos de detritos ou restos de alimentos podem prejudicar a qualidade da água e abrigar patógenos. Esconderijos feitos de materiais naturais, como raízes ou pedras, podem ser limpos com uma escova macia. Esconderijos artificiais geralmente podem ser facilmente removidos do aquário e enxaguados sob água corrente. Ao limpar, deve-se ter cuidado para não prejudicar as bactérias benéficas no aquário. Portanto, evite usar água quente ou produtos de limpeza agressivos. Uma troca regular de água e a remoção de detritos na área dos esconderijos também contribuem para a limpeza e higiene do aquário. Ao escolher os esconderijos, atente para a facilidade de limpeza, a fim de facilitar os trabalhos de manutenção. Superfícies lisas são mais fáceis de limpar do que materiais porosos, que retêm sujeira e depósitos com mais intensidade.

Caverna (Aquário) [i25]

Bom saber

Agressões

No nano-aquário, as agressões, especialmente em caso de superlotação ou combinação inadequada de espécies, podem rapidamente levar a problemas. Um número suficiente de esconderijos pode ajudar a minimizar isso, oferecendo locais de refúgio para os animais mais fracos.

Animais de Hierarquia Inferior

Animais de hierarquia inferior no nano-aquário são particularmente suscetíveis ao estresse causado por congêneres dominantes. Esconderijos bem colocados oferecem proteção e reduzem a probabilidade de conflitos.

Delimitação de Território

Mesmo em pequenos aquários, algumas espécies tentam formar territórios. Através da colocação inteligente de esconderijos e elementos decorativos, a formação de território pode ser apoiada, ao mesmo tempo em que o restante do espaço é mantido aberto para outros habitantes.

Espécies Territoriais

Espécies territoriais necessitam de áreas claramente delimitadas no nano-aquário, que possam considerar como seu território. Esconderijos e a disposição do aquário com plantas e decoração podem ajudar a definir esses territórios e minimizar conflitos.

Possibilidades de Esconderijo

Número de esconderijos por tipo

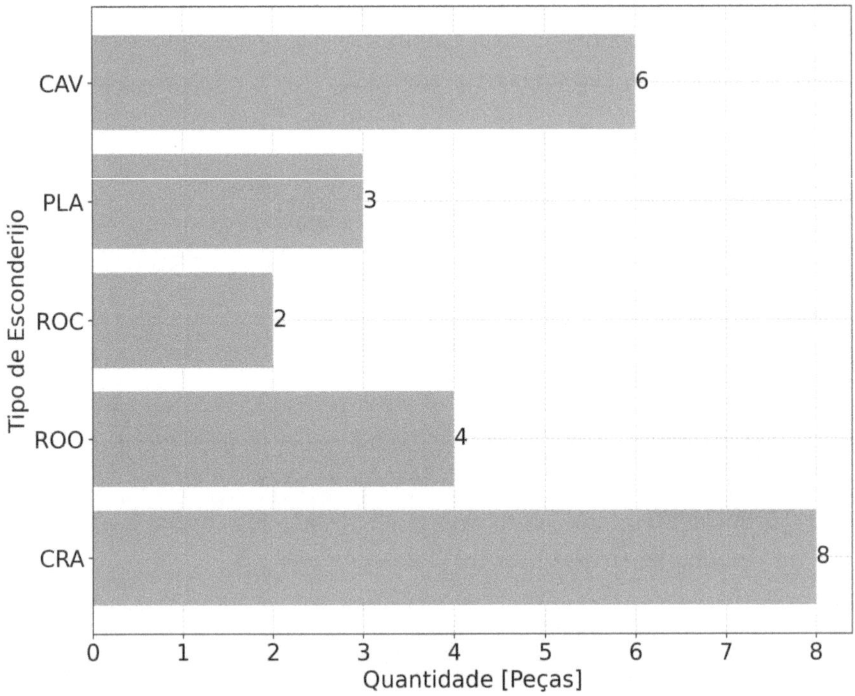

CAV: Cavernas

PLA: Plantas

ROO: Raízes

CRA: Fendas

ROC: Rochas

O diagrama mostra a distribuição de esconderijos no nano-aquário. Cavernas e fendas oferecem o maior número de opções, enquanto raízes e plantas oferecem menos opções de esconderijos. Um equilíbrio entre os diferentes tipos de esconderijos promove o bem-estar dos habitantes do aquário.

Conselhos concretos

- Desenvolva um mini biotopo no aquário nano, orientando os elementos de design e os habitantes a um modelo real, por exemplo, um pequeno curso d'água.
- Utilize a Espiral Dourada ou a Proporção Áurea como grade de design para estruturar harmoniosamente a disposição do hardscape e das plantas.
- Crie um ponto de fuga visual no aquário, alinhando a condução de linhas e o plantio a um ponto específico no fundo.
- Integre degraus de acrílico transparentes e de diferentes alturas para ampliar visualmente o espaço no aquário nano e criar novas possibilidades de design.
- Use luz e sombra de forma estratégica para destacar áreas específicas do aquário ou para recuar intencionalmente outras.
- Projete uma paisagem subaquática com cavernas e visões que ofereçam aos peixes diferentes perspectivas e oportunidades de movimento interessantes.
- Varie a textura do substrato, criando áreas com areia fina e outras com cascalho mais grosso, para refletir a diversidade natural.
- Utilize pedras e raízes não apenas como decoração, mas também como elementos funcionais, por exemplo, como filtros naturais ou locais de desova.
- Considere a perspectiva de observação em seu planejamento: torne a parte frontal do aquário mais detalhada do que o fundo.
- Aproveite o tamanho limitado do aquário nano como uma vantagem e concentre-se em poucos elementos de design selecionados, que serão destacados de forma intencional.

3. 3 Efeitos Visuais

Efeitos ópticos influenciam significativamente a percepção de profundidade e a percepção geral de um nano-aquário. A forma, a disposição da decoração, a refração da luz, a dispersão e os contrastes de cor desempenham um papel crucial na impressão espacial. Ao mesmo tempo, esses fatores afetam o bem-estar dos habitantes do aquário. O design adequado não apenas possibilita um ambiente esteticamente agradável, mas também um mini-biotopo que respeita as necessidades das espécies. Descubra como utilizar princípios de design óptico de forma direcionada para destacar seu nano-aquário de maneira ideal.

No aquário nano, a combinação de forma, cor, luz e disposição intensifica a sensação de profundidade e influencia o bem-estar dos habitantes.

Efeito de profundidade

O efeito de profundidade no nano-aquário é criado pela interação habilidosa de vários fatores ópticos. A forma geométrica e a composição do arranjo influenciam os gradientes de transparência e cor, gerando assim a impressão de profundidade. [s38] Uma pedra posicionada em ângulo, por exemplo, nos parece mais distante do que uma de tamanho igual colocada paralelamente ao vidro frontal. Portanto, a disposição dos elementos decorativos no aquário influencia significativamente a profundidade percebida. Além da modelagem, a reflexão, a refração e a cor do volume desempenham um papel crucial. [s38] A água em si refrata a luz e altera a percepção dos objetos atrás dela. Além disso, a dispersão da luz em partículas suspensas reduz os contrastes no fundo, aumentando assim a impressão de distância. A cor do substrato e da parede de fundo utilizada também pode influenciar o efeito de profundidade: cores mais escuras ao fundo aumentam o efeito de profundidade, enquanto cores mais claras o reduzem. A aberração esférica, uma desvio da refração ideal da luz, pode influenciar ainda mais o efeito de profundidade. [s39] Embora esse efeito geralmente ocorra apenas minimamente no nano-aquário, ele pode ser amplificado pela escolha das lentes na iluminação do aquário ou pelo uso de elementos ópticos especiais. Uma aberração esférica de 0,6 micrômetros pode aumentar o efeito de profundidade em cerca de 2 dioptrias. [s39] Isso corresponde aproximadamente ao efeito de uma lupa fraca e pode fazer uma diferença perceptível na pequena escala de um nano-aquário. O efeito de sombreamento de cor também influencia a percepção de profundidade. [s40] Mudanças de cor dentro do aquário, por exemplo, devido a plantas ou decorações de cores diferentes, podem aumentar ou diminuir o efeito de profundidade. Cores contrastantes no primeiro plano e no fundo criam um efeito de profundidade mais forte, enquanto cores semelhantes reduzem a impressão de profundidade. [s40] É importante que o contraste de cores seja suficientemente forte para produzir o efeito. A coloração específica das sombras naturais desempenha um papel secundário. [s40] Um fundo escuro e avermelhado com plantas verde-claro no primeiro plano, por exemplo, gera um efeito de profundidade mais forte do que um fundo verde-claro com plantas verde-escuras.

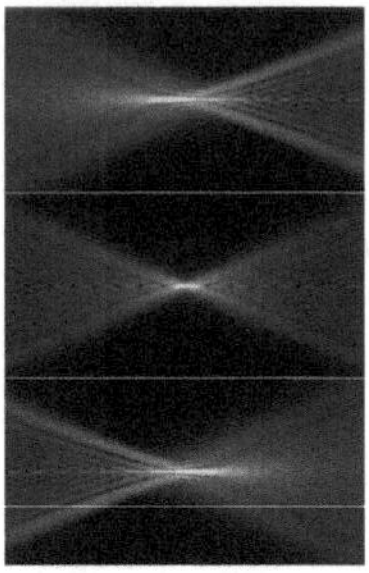

Aberração esférica [i26]

Bom saber

Aberração Esférica

A aberração esférica, um desfoque causado pela forma das lentes, pode influenciar a percepção de profundidade no nano-aquário. O uso de lentes assimétricas na iluminação pode minimizar esse efeito e melhorar o efeito de profundidade.

Cor do Volume

A cor intrínseca da água e dos elementos decorativos influencia o efeito de profundidade no nano-aquário. Água clara e incolor faz o aquário parecer mais profundo, enquanto água tingida pode reduzir o efeito de profundidade.

Dispersão da Luz

A dispersão da luz em partículas suspensas na água influencia a percepção de profundidade no nano-aquário. Uma baixa dispersão da luz resulta em água clara e um melhor efeito de profundidade, enquanto uma forte dispersão faz o aquário parecer mais raso.

Efeito de Sombreamento de Cor

O efeito de sombreamento de cor descreve a mudança na percepção de cor devido a diferentes condições de luz e cores no nano-aquário. Esse efeito pode ser utilizado intencionalmente para influenciar o efeito de profundidade, utilizando cores mais escuras ao fundo e cores mais claras no primeiro plano.

Percepção de Profundidade em Nano Aquários

Impacto da profundidade do tanque no tamanho percebido e no apelo visual.

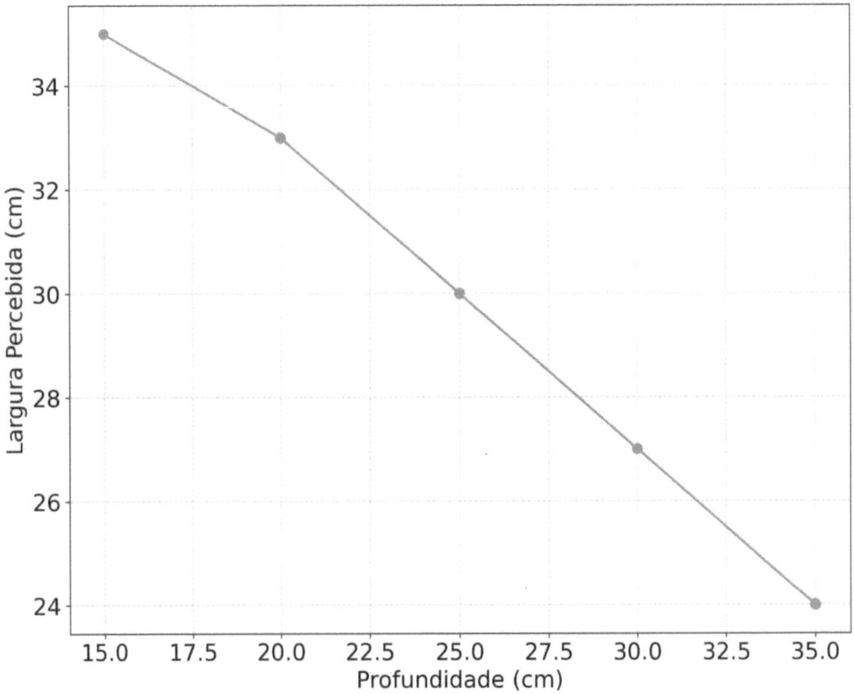

Um tanque mais raso pode parecer mais espaçoso e dinâmico, exibindo peixes e paisagismo aquático de forma mais eficaz. Embora os tanques mais profundos ofereçam mais volume, o aumento da profundidade pode diminuir o tamanho percebido do ângulo de visão e potencialmente obscurecer os detalhes.

Composição de cores

A escolha das cores no nano-aquário não apenas influencia a estética, mas também o comportamento dos habitantes do aquário. A seleção e combinação das cores afetam a percepção do espaço e a orientação dos animais. Especialmente no volume limitado de um nano-aquário, a escolha correta das cores pode promover significativamente o bem-estar dos habitantes. Por exemplo, cores brilhantes e contrastantes podem estressar os peixes e prejudicar seu comportamento natural. [s41] Por outro lado, transições de cores harmoniosas e tons naturais podem ter um efeito calmante e ajudar os animais a se adaptarem mais rapidamente. O uso intencional de cores também pode influenciar a profundidade visual do aquário. Fundos escuros e elementos de primeiro plano claros aumentam a impressão de espaço, enquanto um tom uniforme diminui esse efeito. Além da paleta de cores geral do aquário, a coloração de elementos individuais também é relevante. A cor do substrato pode influenciar a aparência dos peixes. Um substrato escuro faz com que peixes de cores claras pareçam mais vibrantes, enquanto um substrato claro tende a atenuar as cores dos peixes. O mesmo se aplica ao fundo e aos elementos decorativos. A escolha das cores deve sempre ser ajustada às necessidades da espécie de peixe em

Decoração [i27]

Peixe [i28]

questão. Algumas espécies preferem um ambiente natural com cores suaves, enquanto outras são atraídas por cores vibrantes. A apresentação simultânea de diferentes cores pode prejudicar a capacidade de aprendizado dos peixes. Estudos mostram que peixes expostos a dois estímulos de cor diferentes ao mesmo tempo tiveram dificuldades em distinguir esses estímulos posteriormente. [s42] Isso sugere que uma variedade excessiva de cores no aquário pode dificultar a orientação e o reconhecimento de companheiros ou alimento. Portanto, no nano-aquário, deve-se prestar atenção a uma composição de cores equilibrada que atenda às necessidades dos peixes sem sobrecarregá-los. Uma paleta de cores reduzida com transições harmoniosas pode ajudar a minimizar o estresse e promover o bem-estar dos animais. Por exemplo, um aquário com um fundo verde escuro, substrato marrom e plantas vermelhas isoladas pode criar uma atmosfera tranquila e natural, sem confundir os peixes com muitos estímulos de cores diferentes. É aconselhável coordenar as cores da decoração e do substrato, evitando contrastes fortes, para alcançar um efeito geral harmonioso. A escolha e o posicionamento consciente das cores podem criar habitats esteticamente agradáveis e adequados no nano-aquário.

Bom saber

Contraste

Os contrastes surgem da justaposição de cores claras e escuras, objetos grandes e pequenos ou texturas diferentes. No nano-aquário, contrastes usados de forma intencional podem direcionar a atenção para áreas específicas e destacar as formas e cores dos habitantes do aquário. No entanto, contrastes muito fortes podem gerar agitação e estressar os animais.

Estética

A estética no nano-aquário refere-se à harmonia visual e à beleza do arranjo. Através da seleção cuidadosa de cores, formas e materiais, pode-se criar uma imagem geral atraente que agrada tanto o observador quanto os habitantes do aquário. No contexto dos efeitos ópticos, a estética desempenha um papel crucial, pois influencia a percepção do aquário e de seus habitantes.

Tons

Tons naturais como marrom, verde e bege lembram as cores da natureza e criam um ambiente autêntico no nano-aquário. Esses tons têm um efeito calmante sobre os peixes e contribuem para uma imagem geral harmoniosa.

Paleta de Cores do Nano Aquário

Distribuição visual de cores em um nano aquário.

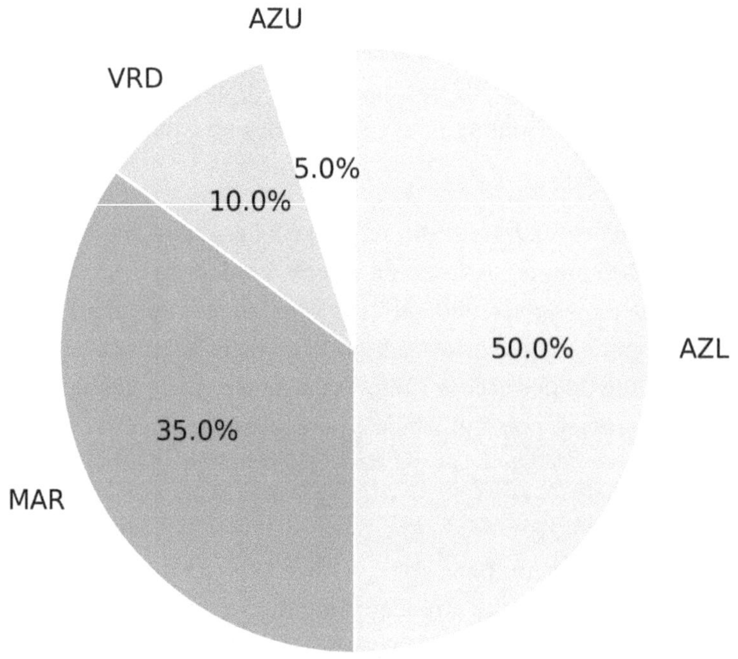

AMA: Amarelo (Detalhes)

MAR: Marrom (Hardscape)

AZL: Azul (Água)

VRD: Verde (Plantas)

O verde dominante sugere um ambiente plantado próspero, criando uma estética calma e natural. O azul destaca a importância da água aberta para o movimento dos peixes e contribui para a sensação geral de tranquilidade. A menor porção marrom representa elementos de hardscape, adicionando profundidade e interesse visual ao aquapaisagismo, enquanto o amarelo mínimo pode indicar detalhes como madeira flutuante ou espécies de plantas específicas, contribuindo para uma cena equilibrada e vibrante.

Condução da luz

A condução da luz no nano-aquário significa mais do que apenas a iluminação do tanque. Ela molda a percepção visual do habitat subaquático e influencia o bem-estar dos habitantes. A absorção da luz na água altera a percepção das cores. A luz azul penetra mais profundamente do que a luz vermelha, que já é absorvida nas camadas superiores da água [s43]. Você pode aproveitar esse efeito ajustando a temperatura de cor da iluminação às necessidades dos habitantes e plantas do seu aquário. Por exemplo, uma iluminação com maior proporção de azul pode ser benéfica para peixes de águas profundas ou plantas que exigem muita luz, enquanto uma iluminação em branco quente com componente vermelho cria um ambiente mais natural para peixes de águas rasas. A intensidade da luz não apenas influencia o crescimento das plantas, mas também o comportamento e o desenvolvimento dos peixes. Luz excessiva, especialmente no espectro azul, pode suprimir a produção de melatonina e, assim, perturbar o ritmo natural dia-noite dos animais [s43]. Por outro lado, uma intensidade de luz muito baixa pode inibir o crescimento das plantas e reduzir a vivacidade das cores dos peixes. Portanto, no nano-aquário, é essencial um ajuste cuidadoso da intensidade da luz, espectro e duração da iluminação. O uso de lâmpadas LED dimmerizáveis permite uma adaptação flexível das condições de luz às necessidades dos habitantes do aquário e oferece a possibilidade de simular ciclos naturais de luz. Variando a intensidade da luz ao longo do dia, você pode, por exemplo, simular o nascer e o pôr do sol, reproduzindo assim o habitat natural dos animais. Além da intensidade e do espectro, a direção da luz também desempenha um papel importante na composição visual do nano-aquário. Uma iluminação superior cria uma entrada de luz natural e destaca as cores dos peixes e plantas. Uma iluminação lateral pode ressaltar os contornos da decoração e criar sombras interessantes. A combinação de diferentes fontes e direções de luz pode resultar em diversos efeitos visuais. Por exemplo, uma combinação de iluminação superior e lateral pode intensificar a sensação de profundidade do aquário e enfatizar a estrutura tridimensional da decoração. Uma iluminação direcionada de elementos decorativos individuais, como uma caverna ou uma rocha, pode destacá-los visualmente e servir como um ponto focal no aquário. A escolha das lâmpadas influencia a reprodução das cores e a aparência geral do aquário. As lâmpadas LED oferecem alta eficiência energética e longa vida útil. Elas também permitem um controle preciso da intensidade e do espectro da luz. Diferentes cores de LED podem ser combinadas para gerar o espectro de luz desejado. Ao escolher as lâmpadas, preste atenção ao índice de reprodução de cores (CRI), que indica a qualidade da reprodução das cores. Um CRI alto garante cores naturais e vibrantes no aquário. A condução da luz no nano-aquário é um tema complexo que considera muitos fatores. Através do controle direcionado da intensidade da luz, espectro, direção e escolha das lâmpadas, é possível criar impressionantes efeitos visuais e, ao mesmo tempo, proporcionar um habitat adequado para os habitantes do aquário. Considerar as necessidades específicas dos animais e plantas é crucial para um nano-aquário bem-sucedido e esteticamente agradável. Lembre-se de que as condições de luz no aquário também podem influenciar a temperatura da água [s43]. Uma iluminação excessiva pode levar a um aquecimento indesejado da água. Portanto, preste atenção a uma ventilação adequada e, se necessário, ao uso de um sistema de refrigeração. O monitoramento regular da temperatura da água é essencial para garantir o bem-estar dos habitantes do aquário.

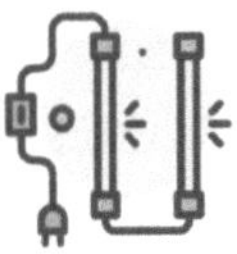

Temperatura de cor [i29]

Bom saber

Absorção

A absorção da luz influencia a percepção das cores no aquário. Diferentes cores são absorvidas em diferentes intensidades, o que afeta a composição do aquário.

Índice de reprodução de cores (CRI)

O índice de reprodução de cores indica quão fielmente as cores dos peixes, plantas e decoração são representadas no aquário. Um valor mais alto significa uma melhor reprodução das cores.

Espectro

O espectro da luz influencia o crescimento das plantas e a percepção das cores dos peixes e plantas. Um espectro equilibrado é importante para um aquário saudável.

Lâmpadas LED

As lâmpadas LED são econômicas em energia e oferecem uma ampla gama de temperaturas de cor e espectros para a iluminação ideal no nano-aquário.

Melatonina

A melatonina regula o ritmo de sono-vigília dos peixes. Luz azul excessiva pode perturbar a produção de melatonina.

Temperatura de cor

A temperatura de cor da luz influencia a aparência do aquário e o crescimento das plantas. Diferentes temperaturas de cor correspondem a diferentes habitats naturais.

Otimização da Iluminação do Nano Aquário

Impacto da intensidade e dispersão da luz nos efeitos visuais percebidos em nano aquários.

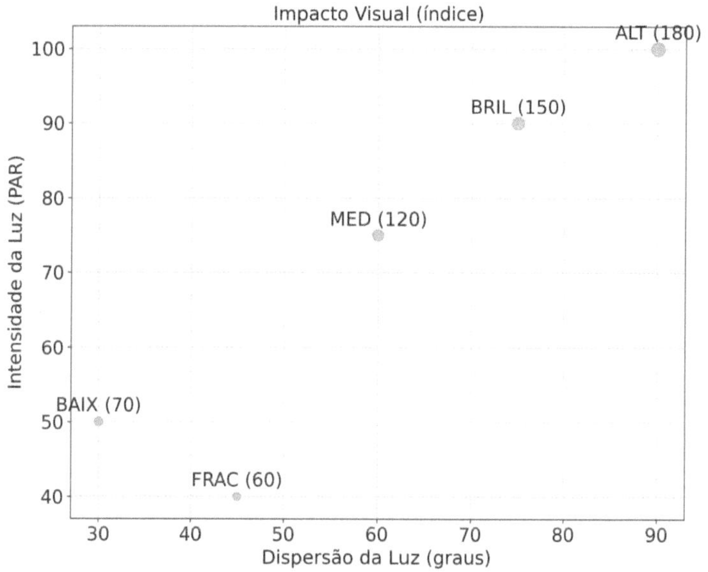

Blasengröße: Impacto Visual (índice)

ALT: Luz Alta, Dispersão Ampla

BRIL: Luz Brilhante, Dispersão Focada

MED: Luz Média, Dispersão Média

BAIX: Luz Baixa, Dispersão Estreita

FRAC: Luz Fraca, Dispersão Moderada

Luzes de alta intensidade com ângulos de dispersão amplos criam paisagens aquáticas vibrantes e brilhantemente iluminadas, ideais para destacar peixes e corais coloridos. Por outro lado, luzes de baixa intensidade com dispersões estreitas produzem efeitos dramáticos e sombreados, enfatizando a profundidade e criando ambientes atmosféricos. Intensidades e dispersões médias oferecem um equilíbrio entre os dois extremos, permitindo a personalização com base na estética desejada.

Conselhos concretos

- Experimente com vidro curvado como para-brisa do seu nanoaquário para apresentar o mundo subaquático como através de uma lupa e intensificar o efeito de profundidade.
- Utilize elementos de vidro fosco de forma estratégica para ocultar áreas do aquário, criando assim a impressão de profundidade e mistério.
- Aproveite a refração da luz na água, permitindo que elementos de decoração se projetem parcialmente acima da superfície da água, criando efeitos ópticos fascinantes.
- Integre pequenos elementos móveis, como um móbile leve ou um pêndulo, no aquário para atrair olhares e quebrar a estática da decoração.
- Brinque com ilusões ópticas: crie uma perspectiva artificial utilizando elementos de decoração que diminuem de tamanho ao fundo.
- Use filmes coloridos atrás da parede de fundo para alterar a atmosfera do aquário e intensificar as cores dos peixes e plantas.
- Projete padrões ou imagens em movimento na parede de fundo do aquário para criar um cenário dinâmico e variado.
- Construa um pequeno periscópio na tampa para observar o aquário de uma perspectiva incomum.
- Utilize luz polarizada para minimizar reflexos indesejados no vidro do aquário e fazer as cores do mundo subaquático parecerem mais brilhantes.
- Experimente com cores e materiais fluorescentes para criar acentos que brilham no escuro e gerar uma atmosfera mística.

Revisão - 3. Arranjo e Design

A criação do seu nano-aquário é mais do que apenas decoração – é a base para um ecossistema funcional e o bem-estar dos seus habitantes aquáticos. Desde o primeiro passo, você deve colocar as necessidades dos seus futuros moradores no centro das atenções. Pense em qual biotopo você deseja reproduzir – uma exuberante selva amazônica, um aquascape minimalista Iwagumi ou um biotopo de água preta próximo da natureza? Cada uma dessas variantes exige uma seleção específica de substrato, elementos de hardscape como pedras e raízes, além de plantas e, naturalmente, a fauna adequada. Pesquise minuciosamente os habitats naturais dos habitantes que você deseja e baseie-se nas suas características. Lembre-se de que, mesmo em pequena escala, a química da água desempenha um papel crucial. A escolha do substrato e dos elementos decorativos pode influenciar os parâmetros da água.

O design espacial do seu nano-aquário deve considerar diferentes zonas. Crie áreas abertas para a natação dos peixes, mas também locais de refúgio e esconderijos, que são especialmente importantes para animais tímidos ou de hierarquia inferior. Densos aglomerados de plantas, cavernas ou raízes pendentes oferecem proteção e reduzem o estresse. Ao posicionar os elementos decorativos, busque um equilíbrio entre estrutura e espaço livre. Um aquário excessivamente denso pode restringir a liberdade de movimento dos peixes e dificultar a manutenção. Planeje desde o início áreas que facilitem o acesso para limpeza e trocas de água. Considere também a remoção de detritos que se acumulam no fundo.

A sensação de profundidade no nano-aquário pode ser acentuada por várias técnicas. Trabalhe com diferentes alturas e níveis, colocando elementos maiores ao fundo e menores em primeiro plano. A escolha das cores também desempenha um papel importante: cores escuras ao fundo e cores claras em primeiro plano criam a impressão de profundidade. Utilize a iluminação para destacar o design espacial. Uma iluminação direcionada em elementos específicos pode realçá-los e servir como um ponto focal. No entanto, preste atenção a um equilíbrio entre luz e sombra, para prevenir o crescimento de algas e apoiar o ritmo natural dia-noite dos seus habitantes aquáticos. A temperatura de cor da iluminação deve ser ajustada às necessidades das suas plantas e peixes.

Os desafios na criação de um nano-aquário residem principalmente no espaço limitado. Cada elemento deve ser cuidadosamente selecionado e posicionado para criar uma imagem harmoniosa, sem sobrecarregar o aquário. Experimente diferentes materiais e layouts, deixe-se inspirar e não hesite em ajustar seu design ao longo do tempo. Observar seus habitantes aquáticos fornece valiosas pistas sobre se eles se sentem confortáveis em seu ambiente. Um nano-aquário bem projetado é um fascinante biotopo em miniatura, que proporcionará alegria a você e aos seus habitantes aquáticos por muito tempo. Com um pouco de paciência e criatividade, você pode criar um pequeno mundo subaquático que será um verdadeiro atrativo em sua casa.

4. Cuidados e Manutenção

Você sabia que um nano-aquário, apesar de seu tamanho compacto, requer atenção especial? Os pequenos mundos aquáticos reagem de forma significativamente mais sensível a mudanças do que os grandes aquários e não perdoam cuidados negligentes. Um plano de manutenção bem pensado cria o equilíbrio entre o esforço necessário e o prazer relaxante do hobby. Controles regulares e medidas direcionadas garantem o bem-estar dos habitantes e a estabilidade do mini-ecossistema. Neste capítulo, você aprenderá como cuidar do seu nano-aquário de forma ideal com um mínimo de tempo.

4. 1 Rotinas Diárias

Rotinas diárias formam a base para um nano-aquário bem-sucedido. O gerenciamento da alimentação, o controle do nível da água e a observação visual garantem a saúde dos seres vivos e um ecossistema estável. No entanto, dosagens incorretas, observação inadequada ou cuidados negligenciados podem rapidamente levar a problemas e perturbar o delicado equilíbrio. Particularmente em aquários pequenos de 12 a 35 litros, os habitantes reagem de forma sensível a mudanças. Portanto, os cuidados adequados exigem uma abordagem precisa e uma compreensão das complexas interações no mini-biotopo. Descubra neste capítulo como, por meio de rotinas diárias simples, mas eficazes, você pode criar e manter um nano-aquário saudável e florescente.

Momentos de observação regulares e curtos, idealmente integrados nas rotinas diárias, como a alimentação, são a chave para a detecção precoce de problemas e para a saúde a longo prazo do nano-aquário.

Gestão da Alimentação

A gestão da alimentação em aquários nano requer uma abordagem sensível para garantir a saúde dos seres vivos e manter a qualidade da água estável. A quantidade de ração deve ser ajustada precisamente à população. Peixes mais jovens necessitam de cerca de 4-5% do seu peso corporal em ração, enquanto animais adultos se contentam com 2% ou menos [s44]. O excesso de alimentação leva a restos de ração, que poluem a água e favorecem doenças [s44]. Da mesma forma, uma concentração de nitrato muito alta na água, resultante de ração em excesso, pode prejudicar a reprodução dos peixes [s45]. Uma diretriz prática é oferecer apenas a quantidade de ração que os peixes conseguem consumir em 10 minutos [s45]. Para otimizar a ingestão de ração, as bombas podem ser desligadas durante a alimentação por cerca de 10 minutos [s45]. A temperatura da água influencia a ingestão de alimentos dos peixes: aumentos moderados de temperatura a favorecem, enquanto temperaturas extremas a inibem [s46]. O tipo de ração também desempenha um papel. Uma dieta equilibrada com proteína suficiente é essencial para um crescimento saudável [s44]. Ao alimentar com alimentos vivos, como artêmias, é importante removê-los do excesso de sal, pois isso pode ser prejudicial para muitas espécies de peixes [s45]. A frequência da alimentação também influencia o crescimento e a conversão alimentar. Porções menores e mais frequentes podem reduzir comportamentos agressivos e promover o crescimento [s44]. Assim, uma alimentação duas vezes ao dia, pela manhã ao acordar e à noite antes de dormir, pode representar uma rotina viável [s47]. A observação regular dos peixes durante a alimentação fornece informações sobre seu estado de saúde e ajuda a ajustar a quantidade de ração de forma ideal [s48] [s44]. A combinação de ração seca e viva garante uma dieta variada [s48].

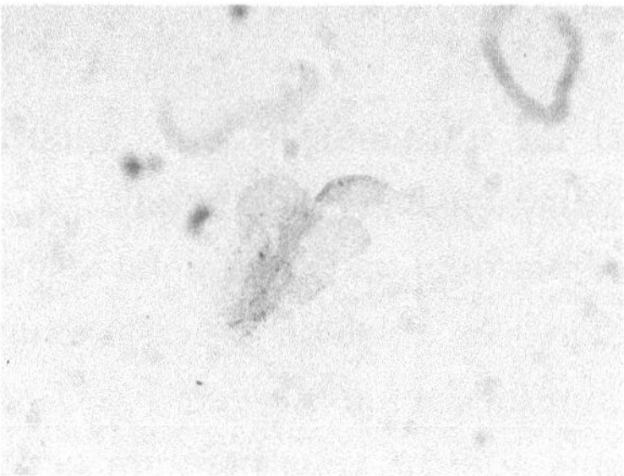

Artêmia [i30]

Bom saber

Artêmias

Pequenos crustáceos frequentemente utilizados como alimento vivo no aquário nano. Eles são ricos em proteínas e outros nutrientes, contribuindo para uma dieta variada. Antes da alimentação, devem ser enxaguados cuidadosamente para remover o excesso de sal.

Gestão da Alimentação

Inclui o planejamento e a execução da alimentação diária no aquário nano, considerando a quantidade, tipo e frequência da ração, para garantir um suprimento nutricional ideal para os habitantes do aquário e, ao mesmo tempo, manter a qualidade da água.

Concentração de Nitrato

A quantidade de nitrato na água, resultante da decomposição de substâncias orgânicas. Níveis elevados de nitrato podem promover o crescimento de algas e prejudicar a saúde dos peixes. Trocas regulares de água ajudam a manter a concentração de nitrato baixa no aquário nano.

Cronograma de Alimentação de Nano Recifes

Quantidades de alimentação idealizadas ao longo do dia para um nano tanque de recife.

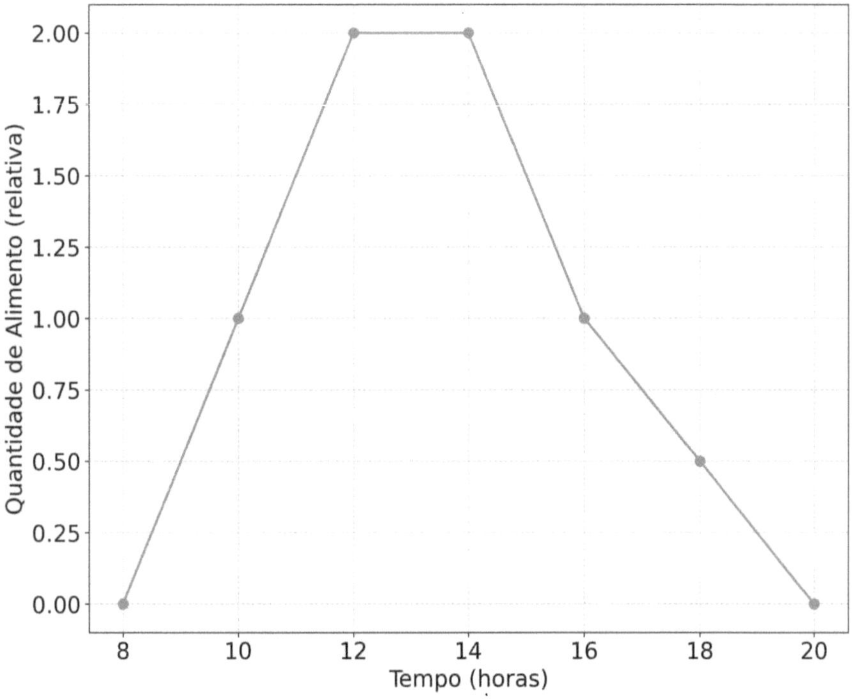

O gráfico ilustra um cronograma de alimentação recomendado com alimentações pequenas e frequentes concentradas durante o horário de pico de luz. Isso imita os padrões naturais de pastagem e garante a absorção ideal de nutrientes por corais e outros invertebrados, minimizando o desperdício e o acúmulo de nutrientes.

Controle do nível da água

A observação diária do nível da água no nano-aquário é essencial para um ecossistema funcional. Variações podem indicar evaporação, especialmente em ambientes quentes ou sob forte iluminação. O reabastecimento regular com água de osmose ou água destilada – água da torneira é inadequada devido aos minerais contidos – compensa a perda e mantém o volume de água constante [s49]. Certifique-se de adicionar a água fresca lentamente e com cuidado, para não estressar os habitantes do aquário ou agitar o substrato do fundo. Por exemplo, a água pode ser direcionada através de um pequeno tubo ou uma concha diretamente para uma decoração ou para a parede de fundo. Além da evaporação, a remoção de água durante a limpeza também pode levar a flutuações no nível. Um sifão facilita a troca de água e remove ao mesmo tempo o lodo e outros depósitos do fundo [s49]. Deve-se sempre trocar apenas uma parte da água, para não prejudicar excessivamente a cultura de bactérias estabelecida. O controle do nível da água está intimamente ligado à monitorização da qualidade da água. Um pH estável minimiza mudanças de comportamento nos animais, enquanto os níveis de amônia devem ser mantidos abaixo de 0,25 ppm para evitar efeitos prejudiciais [s50]. Uma circulação contínua da água e filtração em múltiplas etapas apoiam a degradação de poluentes. Sistemas de dosagem automáticos ajudam a manter o pH e a salinidade constantes, adicionando produtos químicos conforme necessário [s50]. Isso reduz o esforço manual e contribui para a estabilidade do ambiente do aquário.

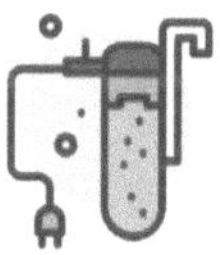

Salinidade [i31]

Bom saber

água da torneira

A água da torneira frequentemente contém minerais e outras substâncias que podem perturbar o delicado equilíbrio no nano-aquário. Portanto, não é adequada para uso regular.

água de osmose

Água pura que foi despojada de poluentes e minerais por um processo especial. Ideal para reabastecer a água evaporada no nano-aquário, pois não perturba o equilíbrio dos parâmetros da água.

água destilada

Água que foi purificada por evaporação e condensação subsequente. Semelhante à água de osmose, é livre de minerais e impurezas, sendo assim adequada para compensar a perda de água.

Sistemas de dosagem automáticos

Dispositivos que automaticamente fornecem a quantidade correta de produtos químicos, como estabilizadores de pH ou minerais, ao aquário. Eles ajudam a manter os parâmetros da água constantes.

salinidade

O teor de sal na água, especialmente importante em aquários marinhos. Uma salinidade constante é essencial para a sobrevivência dos habitantes marinhos.

Taxas de Evaporação em Nano Aquários

Perda diária de água em várias configurações

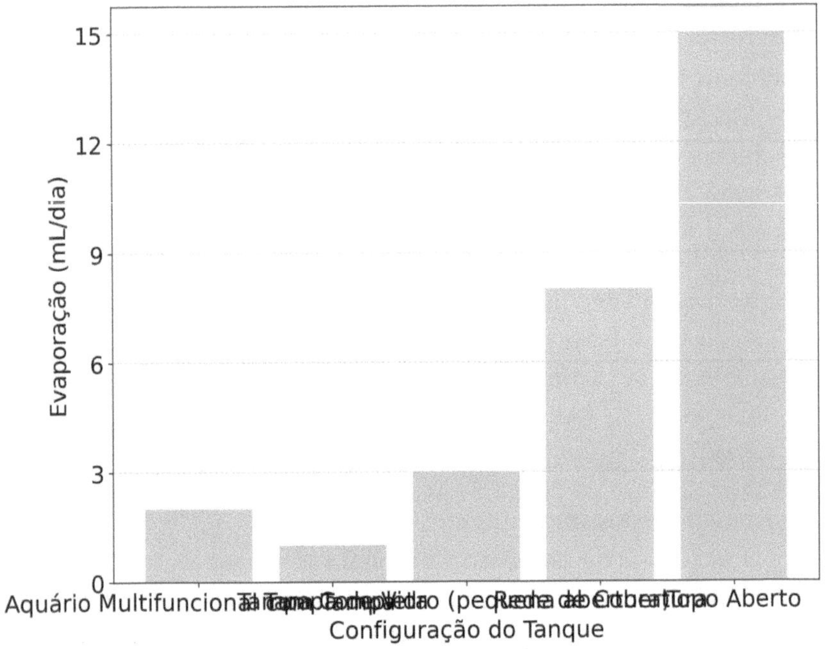

AMT: Aquário Multifuncional com Tampa
TCO: Tampa Completa
TVI: Tampa de Vidro (pequena abertura)
RCO: Rede de Cobertura
TOP: Topo Aberto

Os tanques abertos apresentam evaporação significativamente maior em comparação com as configurações fechadas ou parcialmente cobertas. Os dados destacam a importância de considerar o design do tanque e as estratégias de cobertura para manter os parâmetros estáveis da água em nano aquários. Reposições regulares são cruciais, especialmente para sistemas abertos, para evitar flutuações de salinidade e estresse nos habitantes.

Inspeção visual

A visão desobstruída do nano-aquário é essencial para observar os habitantes e avaliar o estado geral. Turvações podem ter várias causas, como florescimento de algas ou uma concentração elevada de bactérias, que indicam uma carga no água. [s51] Um olhar regular através das paredes do aquário permite reconhecer essas mudanças precocemente e tomar medidas corretivas. Por exemplo, uma leve turvação esverdeada pode indicar um início de florescimento de algas, que pode ser controlado ajustando a duração da iluminação ou utilizando comedores de algas. As paredes do aquário também podem ser afetadas por crescimento de algas ou depósitos de calcário, prejudicando a visibilidade. Uma limpeza regular com um raspador ou esponja adequada, como uma esponja de aquário sem resíduos de produtos de limpeza, garante uma visão clara e facilita a observação da vida aquática. A verificação do sistema de filtragem também faz parte da inspeção visual. [s51] Um filtro entupido pode reduzir a circulação da água e levar à turvação. O controle e a limpeza regulares do filtro não apenas mantêm a qualidade da água, mas também garantem uma visibilidade ideal. Além da clareza da água, o comportamento dos habitantes do aquário é um indicador importante do bem-estar. Através da visão livre do tanque, mudanças de comportamento, como apatia ou padrões de natação incomuns, podem ser reconhecidas mais facilmente. Essas observações, em combinação com a alimentação diária em um horário fixo, podem fornecer informações sobre a saúde dos animais e permitir intervenções precoces. [s52] Um olhar regular no aquário, como durante a rotina de alimentação matinal e noturna, integra a inspeção visual de forma fluida na rotina de cuidados e contribui para a saúde do oekosystems como um todo. A combinação de visão clara e horários de alimentação previsíveis não apenas permite uma observação ideal dos animais, mas também promove o bem-estar dos habitantes do aquário, criando um ambiente estável e previsível.

[s52] A integração dessas observações na rotina diária torna os cuidados com a aquarística mais eficientes e minimiza a probabilidade de problemas.

Esponja para aquário [i32]

Bom saber

Concentração de Bactérias

Uma alta concentração de bactérias no nano-aquário pode levar a turvações e problemas de odor. Pode ser causada por restos de alimentos, plantas mortas ou filtragem inadequada.

Depósitos de Calcário

Depósitos de calcário nas paredes do nano-aquário surgem devido à água dura e podem prejudicar a visibilidade. Podem ser removidos com um raspador ou produtos de limpeza especiais.

Verificações diárias do nano aquário

Distribuição das tarefas diárias de manutenção do nano aquário.

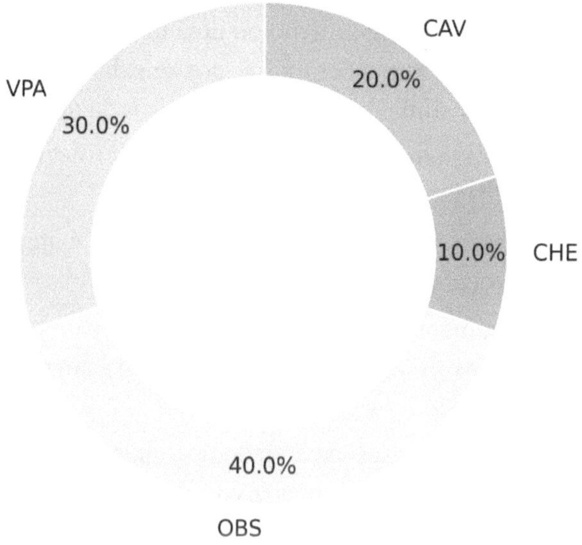

CAV: Verificação do Equipamento (Filtro, Luzes, Aquecedor)

CHE: Alimentação

OBS: Observar a Vida Marinha (Saúde/Comportamento)

VPA: Verificação dos Parâmetros da Água (Visual/Teste)

A maior parte da manutenção diária concentra-se na observação da saúde e do comportamento da vida marinha. As verificações regulares dos parâmetros da água são cruciais, indicando a estabilidade geral do aquário. As verificações do equipamento garantem o funcionamento adequado e previnem potenciais problemas. Embora menos frequente do que outras tarefas, a alimentação continua a ser essencial para o bem-estar da vida marinha. Esta distribuição destaca a importância da observação proativa e da monitorização consistente na manutenção de um ambiente próspero no nano aquário.

Conselhos concretos

- Estabeleça um dia fixo da semana para limpar o filtro do seu nano-aquário.
- Desenvolva um sistema de rotação para os elementos de decoração, a fim de dar ao aquário uma nova aparência regularmente e evitar o tédio nos habitantes.
- Mantenha um pequeno caderno ou uma tabela digital para documentar as observações diárias dos seus habitantes do aquário, as quantidades de alimentação e os parâmetros da água.
- Aproveite o momento da alimentação para verificar as plantas em busca de folhas mortas e removê-las.
- Durante a troca de água, verifique o estado das mangueiras e vedações, trocando-as se necessário.
- Varie minimamente o horário da alimentação para oferecer diversidade aos peixes e estimular seu comportamento natural de caça.
- Coloque uma pequena lupa ao lado do aquário para observar os peixes e outros pequenos seres vivos com mais detalhes.
- Crie uma pequena biblioteca com livros de identificação de plantas e animais de aquário para expandir continuamente seu conhecimento.
- Reserve cinco minutos diariamente para contemplar seu nano-aquário em paz e apreciar a beleza do pequeno ecossistema.
- Integre os cuidados com o nano-aquário à sua rotina matinal ou noturna para garantir a manutenção regular e manter o esforço baixo.
- Recompense-se após cuidar do aquário com uma xícara de chá ou café e a visão do seu nano-aquário bem cuidado.

4. 2 Tarefas Semanais

Tarefas semanais garantem a estabilidade e a saúde do seu nano-aquário. A troca de água, a limpeza do filtro e o cuidado com as plantas previnem problemas causados pelo acúmulo de poluentes, flutuações nos parâmetros da água e crescimento de algas. Essas rotinas influenciam significativamente os ciclos de nutrientes, as culturas de bactérias e o bem-estar dos habitantes do aquário. A execução correta de cada tarefa é crucial para um mini-ecossistema próspero. Diferentes tipos de filtros e espécies de plantas exigem abordagens específicas, que devem ser adaptadas às condições individuais do aquário. A densidade de peixes, os hábitos de alimentação e o substrato utilizado desempenham um papel importante. Descubra neste capítulo como realizar as tarefas semanais de forma eficaz e garantir um nano-aquário saudável e atraente.

Trocas parciais de água regulares, combinadas com a manutenção do filtro e das plantas, são a base para um aquário nano estável e saudável.

Troca de água

Trocas de água são essenciais no nano-aquário para um oekosystem estável e saudável. Elas servem para eliminar poluentes e fornecer minerais importantes. Trocas de água semanais ajudam a manter a qualidade da água constante e evitam problemas que podem surgir devido a flutuações nos parâmetros. Um nano-aquário de 10 litros, por exemplo, se beneficia de uma troca de água semanal de 20-30%, ou seja, 2-3 litros. Nessa troca, a água antiga do aquário é removida e substituída por água fresca, temperada e devidamente tratada. A quantidade e a frequência da troca de água dependem de vários fatores, incluindo densidade de peixes, hábitos de alimentação e a eficiência da filtragem. Antes de cada troca de água, é aconselhável medir os parâmetros da água. Assim, você pode registrar os valores atuais de, por exemplo, nitrato, nitrito, phwert e GH (dureza total) e acompanhar o desenvolvimento no aquário. Com base nas medições, é possível avaliar o sucesso da estratégia de troca de água e ajustá-la, se necessário. Um aumento nos níveis de nitrato pode indicar uma troca de água inadequada ou superalimentação, exigindo uma adaptação na rotina. O substrato utilizado também pode influenciar a química da água. Assim, certos tipos de substrato podem afetar a dureza da água ou reter fosfatos, o que deve ser considerado ao escolher a quantidade de água a ser trocada e o tratamento da água de troca. A execução cuidadosa da troca de água é crucial. Ao aspirar a água antiga, é uma boa oportunidade para limpar o substrato de detritos e partes de plantas mortas. Isso evita o acúmulo excessivo de matéria orgânica, que pode sobrecarregar o ecossistema e levar ao crescimento indesejado de algas. A água fresca deve ser adicionada lentamente e com cuidado ao aquário, para não estressar os habitantes e não alterar abruptamente a química da água. O uso de um aspirador de detritos facilita a remoção da água e a limpeza do substrato. A combinação de troca de água e limpeza simultânea do substrato controla efetivamente o acúmulo de ammoniak

e nitrato, ambos produtos do metabolismo dos habitantes do aquário. O monitoramento e ajuste regulares da rotina de troca de água, com base nos parâmetros medidos e na observação do aquário, são a chave para um nano-aquário próspero.

Recomendações de Troca de Água Semanal para Nano Aquários (12-35L)

Distribuição ideal de troca de água semanal para nano aquários.

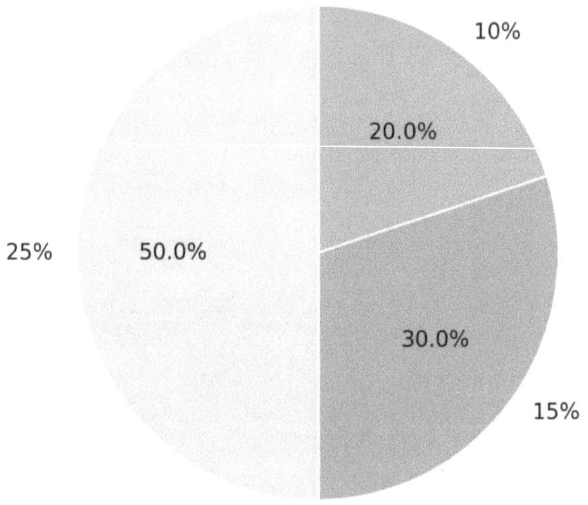

- 10%: Troca de Água de 10%
- 15%: Troca de Água de 15%
- 25%: Troca de Água de 25%

Uma troca de água semanal de 10 a 25% é geralmente recomendada para nano aquários, a fim de manter a qualidade ideal da água. Embora 10% ofereça uma abordagem mínima, aumentar para 15% fornece uma margem de erro mais segura, especialmente para iniciantes. Uma mudança de 25% oferece benefícios mais significativos no controle e estabilidade de nutrientes, mas requer um monitoramento mais preciso dos parâmetros. Trocas maiores (25% +) geralmente não são aconselhadas semanalmente, pois podem desestabilizar o delicado ecossistema de um nano aquário.

Limpeza do Filtro

A limpeza do filtro é tão importante para um nano-aquário saudável quanto a troca regular de água. Um filtro limpo garante água clara e apoia a filtração biológica, que degrada substâncias nocivas como amônio e nitrito. [s53] Diferentes tipos de filtros exigem diferentes intervalos e métodos de limpeza. Enquanto filtros de esponja devem ser limpos semanalmente sob água corrente, idealmente com água de aquário parada, para não destruir completamente as culturas de bactérias benéficas, outros tipos de filtros, como filtros externos, requerem uma limpeza menos frequente, cerca de cada 2-3 meses. Nos filtros externos, geralmente, os diferentes meios filtrantes, como esponjas filtrantes ou tubos de cerâmica, são limpos ou trocados em etapas. Assim, a cultura de bactérias permanece em grande parte intacta, apesar da limpeza. Um filtro entupido reduz a eficiência do filtro e pode levar a uma deterioração da qualidade da água. A intensidade da limpeza deve ser ajustada às condições individuais do aquário. Um tanque com muitos peixes, por exemplo, requer limpezas de filtro mais frequentes do que um aquário com poucas plantas. Observe o fluxo de água do filtro – uma diminuição no desempenho indica a necessidade de limpeza.

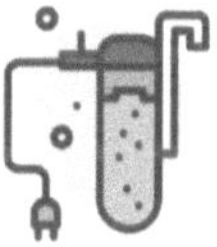

Filtro de esponja [i33]

Bom saber

Amônio

O amônio é uma toxina forte para peixes e resulta da degradação de substâncias orgânicas no aquário. Trocas regulares de água e uma filtração biológica funcional ajudam a manter a concentração de amônio baixa.

Filtros de Esponja

Os filtros de esponja têm uma construção simples e são adequados para nano-aquários. Eles oferecem uma grande superfície para bactérias benéficas e devem ser limpos semanalmente com água do aquário.

Tubos de Cerâmica

Os tubos de cerâmica oferecem uma superfície porosa para a colonização de bactérias benéficas, responsáveis pela degradação de poluentes na água.

Cronograma de limpeza da mídia filtrante do nano aquário

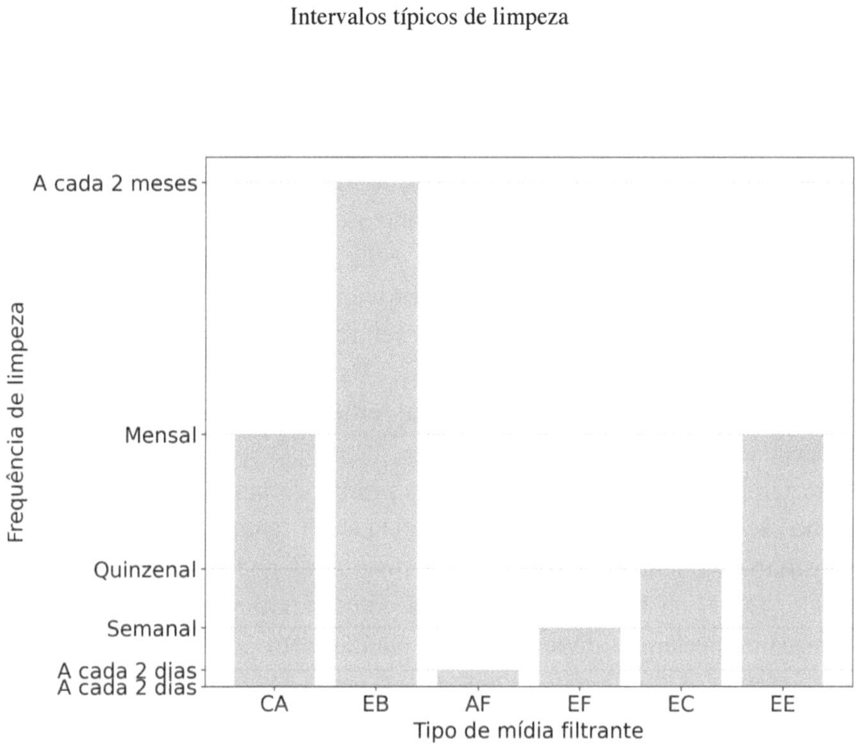

AF: Lã de filtro

AN: Anéis de cerâmica

CA: Carvão ativado (substituir)

EB: Bolas/Pelotas biológicas

EC: Esponja (grossa)

EE: Esponja (fina)

Este gráfico visualiza um cronograma de limpeza recomendado para vários tipos de mídia filtrante em um nano aquário. A limpeza mais frequente é sugerida para mídias mais finas, como o filtro de lã, devido ao entupimento mais rápido. A limpeza menos frequente é aceitável para mídias mais grossas e filtragem biológica, permitindo que colônias de bactérias benéficas se estabeleçam e prosperem. Ajustar o cronograma com base nas condições individuais do tanque, como bioload e parâmetros da água, é crucial para a saúde ideal do aquário.

Cuidados com as plantas

Os cuidados com as plantas aquáticas contribuem significativamente para a estabilidade e estética de qualquer nano-aquário. Plantas saudáveis consomem nutrientes como nitratos e phosphate, que, de outra forma, poderiam promover o crescimento de algas. Elas produzem oxigênio e oferecem esconderijos para os habitantes do aquário. Um corte regular estimula um crescimento vigoroso e evita que espécies de crescimento rápido cubram outras plantas ou obstruam a visão do aquário. Folhas mortas ou em decomposição devem ser removidas imediatamente para não comprometer a qualidade da água. Algumas espécies necessitam de nutrientes adicionais através de uma fertilização líquida ou substratos especiais. A escolha das plantas deve ser adaptada às condições de luz e ao tamanho do aquário. Plantas de primeiro plano de pequeno porte, como a Eleocharis parvula, são adequadas para a composição do substrato, enquanto plantas de caule mais altas podem ser colocadas ao fundo. Bolas de fertilizante, que são colocadas diretamente nas raízes, fornecem nutrientes importantes às plantas sem sobrecarregar a água. Ao escolher o fertilizante, atente-se às necessidades de suas plantas e evite a superfertilização, que pode levar a problemas com algas. A duração e intensidade adequadas da iluminação também são cruciais para o crescimento das plantas. Luz insuficiente resulta em crescimento atrofiado, enquanto luz excessiva pode favorecer o crescimento de algas. Um temporizador ajuda a manter os horários de iluminação constantes e simula o ritmo natural dia-noite. Observe suas plantas regularmente quanto a mudanças na aparência e crescimento. Folhas descoloridas ou um crescimento lento podem indicar deficiências nutricionais ou outros problemas. Uma verificação regular dos wasserparameter, especialmente dos níveis de nitrato e fosfato, ajuda a otimizar a nutrição das plantas e prevenir o crescimento de algas. Medidas direcionadas, como uma troca de água semanal de cerca de 30% e o uso de fertilizante adequado, podem promover o crescimento das plantas do aquário e criar um nano-aquário saudável e atraente. A reprodução de muitas plantas aquáticas ocorre por meio de estacas ou brotos laterais. Estes podem ser cuidadosamente separados e replantados. Assim, é possível expandir o estoque de plantas no aquário sem a necessidade de comprar novas. Ao plantar, tenha cuidado para não danificar as raízes e dê espaço suficiente para o crescimento das plantas. Algumas espécies, como a Vallisneria, formam auslaeufer, que podem se espalhar rapidamente pelo aquário. Esses estolões também podem ser separados e replantados. Ao projetar o aquário com plantas, diferentes espécies podem ser combinadas para criar uma paisagem subaquática variada e natural. Considere as diferentes velocidades de crescimento e tamanhos das plantas para alcançar uma imagem harmoniosa. Um nano-aquário bem plantado não só oferece uma bela vista, mas também contribui para o bem-estar dos habitantes do aquário e cria um ecossistema estável.

Brotos laterais [i34]

estolho [i35]

Parâmetros da água [i36]

Esforço de Manutenção de Plantas

Esforço semanal de manutenção

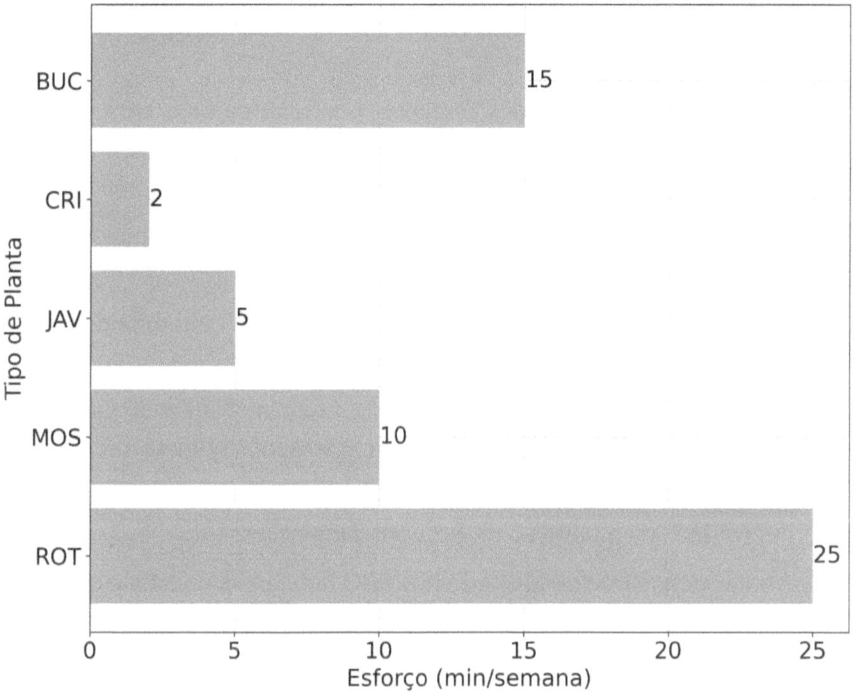

BUC: Bucephalandra
CRI: Cryptocoryne
JAV: Javafarn
MOS: Musgo Bola
ROT: Rotala

O esforço para espécies exigentes como Bucephalandra é significativamente maior do que para espécies simples como Javafarn. Iniciantes devem escolher espécies de baixa manutenção.

Conselhos concretos

- Utilize água da torneira descansada para a troca semanal, que você deve preparar e temperar em um recipiente separado.
- Rotacione suas plantas: replante um terço das plantas semanalmente para garantir um crescimento uniforme e uma aparência variada.
- Limpe semanalmente uma pequena parte do substrato de forma intensiva com o aspirador de lodo, em vez de tratar todo o fundo de uma vez.
- Crie um plano de cuidados semanal com horários fixos para trocas de água, limpeza do filtro e cuidados com as plantas, para facilitar a rotina.
- Aproveite a limpeza semanal do filtro para verificar e remover depósitos das mangueiras e conexões.
- Verifique semanalmente o estado de suas plantas com uma pinça para detectar pragas ou doenças.
- Desenvolva um sistema para armazenar seus utensílios de cuidados, para ter tudo à mão e tornar a manutenção semanal mais eficiente.
- Integre em sua rotina semanal a verificação da iluminação e ajuste a intensidade ou a duração da luz conforme necessário.
- Anote semanalmente o estado dos seus habitantes do aquário, para reconhecer mudanças precocemente e reagir adequadamente.
- Fotografe seu aquário semanalmente para documentar o desenvolvimento do crescimento das plantas e as mudanças no aquário.
- Reflita semanalmente sobre os cuidados com seu aquário e considere quais aspectos você poderia otimizar ou alterar.

4. 3 Medidas Mensais

Medidas mensais garantem a estabilidade e a saúde do seu nano-aquário. A limpeza, a tecnologia funcional e o crescimento controlado das plantas são essenciais para o bem-estar dos habitantes do aquário. Essas medidas previnem problemas e minimizam riscos – desde a qualidade da água até o perigo de acidentes. As seções a seguir detalham os passos necessários para a manutenção e cuidados mensais, desde a limpeza do aquário e seu entorno até o controle dos componentes técnicos e do crescimento das plantas. Otimize as condições de vida dos seus habitantes do aquário e assegure o sucesso a longo prazo do seu nano-aquário – com as medidas adequadas a cada mês.

Um ambiente limpo e organizado dentro e ao redor do nano-aquário é essencial para a saúde dos seres vivos e o sucesso a longo prazo do minibeckens. Isso inclui limpezas regulares, verificações de equipamentos e datas de validade, bem como cuidados adequados com as plantas e fornecimento de nutrientes.

Limpeza Geral

A limpeza geral de um nano-aquário abrange muito mais do que apenas a troca de água e a limpeza das paredes. Um ambiente limpo ao redor do aquário contribui significativamente para a saúde dos seres vivos no tanque e previne problemas. Isso inclui, entre outras coisas, a limpeza regular das superfícies no entorno do aquário. Armários onde o aquário está posicionado, superfícies de apoio para acessórios e a parte superior da tampa são pontos potenciais de acúmulo de poeira, restos de alimentos e respingos de água. Esses locais oferecem um solo ideal para bactérias e fungos, que podem impactar negativamente a qualidade da água e, consequentemente, a saúde dos habitantes do aquário. Portanto, essas áreas devem ser limpas regularmente com um pano úmido e um produto de limpeza adequado. [s54] Certifique-se de que o produto de limpeza não deixe resíduos prejudiciais que possam entrar na água do aquário. Um detergente suave, que seja bem enxaguado com água limpa, geralmente é suficiente. A organização dentro e ao redor do aquário também merece atenção. A desordem na área do aquário pode não apenas parecer inestética, mas também dificultar os cuidados e aumentar o risco de acidentes. Fios soltos, ferramentas espalhadas ou armários superlotados podem rapidamente se tornar armadilhas para tropeços ou cair acidentalmente na água. Portanto, é aconselhável armazenar os cabos de forma ordenada, guardar as ferramentas em um local seguro e manter a área ao redor do aquário limpa. A organização também deve ser mantida dentro do armário sob o aquário. Aqui, frequentemente são armazenados alimentos, condicionadores de água e outros utensílios importantes para a aquarística. Um controle regular das datas de validade e a rotação dos suprimentos – itens com datas de validade mais curtas à frente – evitam custos desnecessários e garantem a eficácia dos produtos. [s54] Fertilizantes ou medicamentos com data de validade expirada podem perder sua eficácia ou, no pior dos casos, serem prejudiciais. Além do ambiente imediato do aquário, todo o espaço onde o aquário está localizado deve ser limpo regularmente.

Poeira e sujeira do ambiente podem entrar na água do aquário através de correntes de ar e prejudicar a qualidade da água. A aspiração e a limpeza regular do chão, bem como a remoção de poeira de prateleiras e outras superfícies, reduzem a carga de poeira e contribuem para um ambiente saudável no aquário. Têxteis como cortinas ou tapetes próximos ao aquário também podem acumular poeira e outras partículas. Portanto, devem ser lavados ou limpos regularmente. [s54] A troca regular do média de filtragem no filtro do aquário também faz parte da limpeza geral. A frequência da troca depende da densidade de ocupação e do tipo de filtro. Um filtro sujo pode impactar negativamente a qualidade da água e reduzir o desempenho da bomba de filtro. Portanto, é importante manter o filtro regularmente e trocar a média de filtragem conforme as instruções do fabricante. A limpeza geral também oferece uma boa oportunidade para verificar o estado do inventário do aquário. Mangueiras, bombas e outros dispositivos técnicos devem ser verificados quanto à sua funcionalidade e, se necessário, limpos ou trocados. Peças defeituosas representam um risco e podem levar a problemas maiores se não forem identificadas e corrigidas a tempo. Um check-up regular ajuda a identificar potenciais fontes de perigo e a prolongar a vida útil dos dispositivos. Portanto, o controle regular do aquário e de seu entorno é muito mais do que uma questão de estética – é um fator importante para a saúde dos habitantes do aquário e o sucesso a longo prazo do nano-aquário.

Bom saber

Datas de Validade

Verificar as datas de validade de alimentos, condicionadores de água e medicamentos é importante para garantir a eficácia dos produtos e proteger a saúde dos habitantes do aquário. Produtos vencidos podem perder sua eficácia ou até desenvolver substâncias prejudiciais que podem danificar os habitantes do aquário.

Média de Filtragem

A média de filtragem no filtro do aquário desempenha um papel crucial na purificação da água. Ela filtra partículas de sujeira, poluentes e resíduos orgânicos da água, contribuindo assim para a manutenção de uma boa qualidade da água. A troca regular da média de filtragem é importante para manter o desempenho do filtro e prevenir o crescimento de bactérias prejudiciais.

Produtos de Limpeza

Para a limpeza do ambiente do aquário, devem ser utilizados apenas produtos de limpeza suaves e compatíveis com aquários, a fim de evitar efeitos prejudiciais na qualidade da água e nos habitantes do aquário. Resíduos de produtos de limpeza podem perturbar o equilíbrio biológico e afetar a saúde dos peixes, camarões ou plantas.

Tempo de Limpeza Mensal do Nano Aquário

Alocação de tempo para tarefas mensais de manutenção do nano aquário.

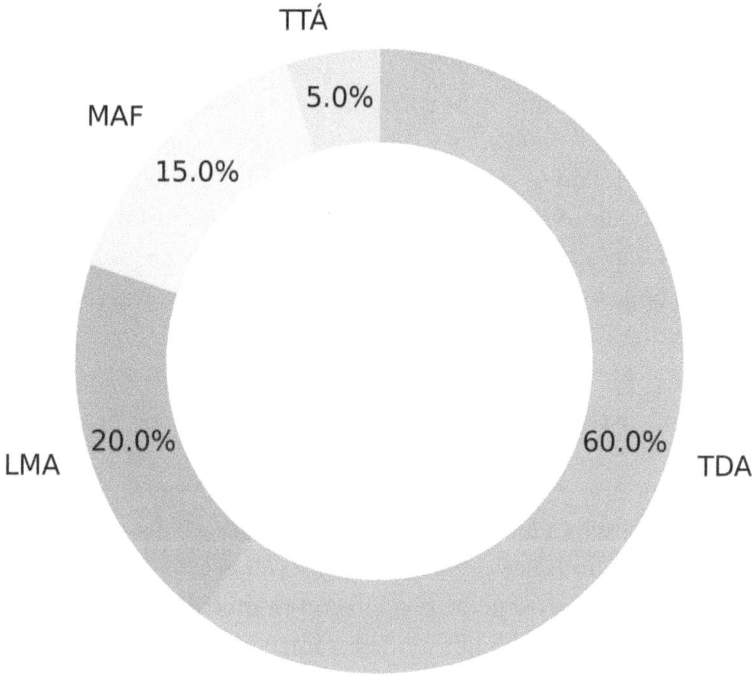

LMA: Limpeza de Algas

MAF: Manutenção do Filtro

TDA: Troca de Água

TTÁ: Tratamento do Substrato

A maior parte do tempo de limpeza mensal é dedicada a trocas de água, enfatizando sua importância na manutenção da qualidade da água. Enquanto a raspagem de algas e a manutenção do filtro levam menos tempo, elas ainda são cruciais para um nano ecossistema saudável. A limpeza do substrato requer a menor quantidade de tempo, refletindo a eficiência de um nano aquário bem conservado.

Verificação Técnica

A verificação regular dos componentes técnicos é essencial para o funcionamento de um nano-aquário. Isso inclui a inspeção de todos os dispositivos conectados ao aquário e dentro dele. Filtros, aquecedores, iluminação e, se necessário, sistemas de CO2 devem ser verificados quanto ao seu funcionamento adequado. Um filtro com desempenho decrescente pode levar à deterioração da qualidade da água, enquanto um aquecedor defeituoso causa flutuações de temperatura que prejudicam os habitantes do aquário. A iluminação também desempenha um papel importante no crescimento das plantas e no bem-estar dos animais. Verifique as lâmpadas quanto à sua luminosidade e substitua-as, se necessário. Nos sistemas de CO2, deve-se atentar para a estanqueidade e a dosagem correta. A verificação dos parâmetros da água, como pH, temperatura e teor de nitrato, também faz parte da rotina mensal. Testes de tiras ou testes de gotas permitem uma medição precisa. A manutenção dos parâmetros ideais da água contribui significativamente para a saúde dos habitantes do aquário [s55]. Certifique-se de usar sempre água desclorada e mantenha a leitfaehigkeit na faixa de 300 a 1500 µS [s55]. Um olhar regular sobre os cabos e mangueiras de todos os dispositivos técnicos pode revelar danos precocemente. Mangueiras porosas devem ser substituídas imediatamente para evitar vazamentos. Dobramentos nas mangueiras podem obstruir o fluxo de água e prejudicar o desempenho da bomba. Preste atenção também a depósitos de calcário nos elementos de aquecimento. Estes podem reduzir a eficiência do aquecimento e aumentar o consumo de energia. Remova os depósitos de calcário cuidadosamente com uma escova macia. A manutenção regular do equipamento técnico prolonga sua vida útil e minimiza o risco de falhas e problemas associados no aquário. Um exemplo: uma mangueira gotejante no filtro pode causar uma perda significativa de

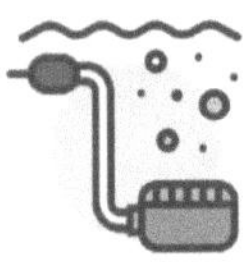

água sem que se perceba. A verificação oportuna e a substituição da mangueira podem evitar esse dano.

Depósitos de cálcio [i37]

Bom saber

Teste de Gotas

Testes de gotas permitem uma medição precisa dos parâmetros da água no aquário, adicionando uma quantidade específica de gotas de reagente à água do aquário e comparando a reação de cor resultante com uma escala de cores. Eles são mais precisos do que os testes de tiras e fornecem informações mais detalhadas sobre a qualidade da água.

Teste de Tiras

Testes de tiras oferecem um método rápido e fácil para verificar os parâmetros da água no aquário. As tiras indicadoras são mergulhadas na água do aquário e a reação de cor indica o valor aproximado de vários parâmetros. Eles são menos precisos do que os testes de gotas, mas são adequados para uma verificação regular.

Manutenção de Nano Aquário

Esforço, frequência e importância das tarefas de manutenção do nano aquário.

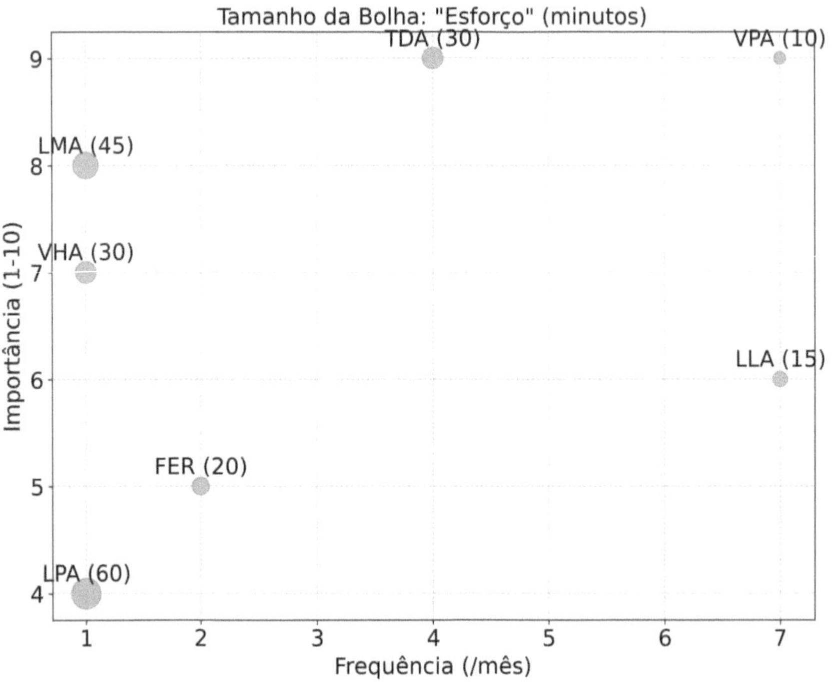

Blasengröße: Esforço (minutos)

FER: Fertilizar

LMA: Manutenção do Filtro

TDA: Troca de Água

VPA: Verificar Parâmetros

LLA: Limpeza de Algas

LPA: Limpeza Profunda/Reorganizar

VHA: Verificação de Hardware

As trocas de água são muito importantes e frequentes, exigindo um esforço moderado. A limpeza de algas é menos importante, mas requer atenção frequente com pouco esforço. A manutenção do filtro é crucial, mas menos frequente, exigindo esforço moderado. As verificações de parâmetros são vitais, frequentes e fáceis. As verificações de hardware são importantes, menos frequentes e exigem esforço moderado. Esta visualização ajuda a priorizar as tarefas de manutenção para um nano aquário saudável.

Controle de Crescimento

A regulação do crescimento no nano-aquário concentra-se principalmente na flora e requer uma abordagem coordenada. Espécies de plantas de crescimento rápido podem dominar rapidamente o aquário, privando outros habitantes, como espécies de crescimento lento ou animais que habitam o fundo, de luz e nutrientes. Populações densas também dificultam a circulação da água e podem levar a falta de oxigênio em certas áreas. O corte regular das plantas é, portanto, essencial para manter um equilíbrio. Isso envolve não apenas a remoção de brotos excessivamente longos, mas também a desobstrução de áreas densas para permitir que todas as plantas recebam luz e acesso a nutrientes suficientes. Assim como na manutenção do ambiente do aquário, onde a rotação dos suprimentos de acordo com a data de validade é sensata, partes saudáveis de plantas cortadas não devem necessariamente ser descartadas. Dependendo da espécie, elas podem ser oferecidas a outros aquaristas ou usadas para replantio no próprio aquário. Isso resulta em novas plantas vigorosas e, ao mesmo tempo, controla o crescimento excessivo. Os pedaços cortados podem ser colocados diretamente no substrato ou inicialmente fixados em uma pedra ou raiz antes de encontrarem seu lugar definitivo no aquário. O controle da oferta de nutrientes desempenha um papel crucial na limitação do crescimento. Concentrações excessivas de nutrientes, especialmente nitrat e fosfato, promovem um crescimento excessivo das plantas. Trocas regulares de água e o uso de sistemas de filtragem que removem nutrientes em excesso ajudam a manter o nível de nutrientes na faixa ideal. É aconselhável verificar regularmente os parâmetros da água para detectar desequilíbrios precocemente e tomar as medidas adequadas. A dosagem de fluessigduengern deve ser ajustada às necessidades reais das plantas e não deve ser feita de forma genérica. A superfertilização não apenas leva a um crescimento excessivo das plantas, mas também pode favorecer floração de algas e afetar negativamente a qualidade da água. A escolha das espécies de plantas certas é outro aspecto importante da regulação do crescimento. Espécies de crescimento lento são mais adequadas para nano-aquários do que as de crescimento rápido, pois requerem menos cuidados e mantêm o equilíbrio biológico no pequeno aquário de forma mais estável. Também é importante considerar o tamanho final das plantas ao fazer a seleção. Algumas espécies podem atingir um tamanho considerável ao longo do tempo e preencher rapidamente o espaço limitado no nano-aquário. A combinação de espécies de crescimento lento com poda direcionada e uma oferta de nutrientes ajustada permite um design harmonioso e um crescimento saudável das plantas no nano-aquário. O estudo mostrou que medidas direcionadas não provocam uma mudança significativa no tamanho corporal, o que indica a eficácia de uma abordagem controlada. Kasselmann, C. (2010). *Plantas de Aquário*. Ulmer Eugen Verlag. Horst, K., & Kipper, H. (2004). *O Aquário Ideal*. Gräfe und Unzer.

Circulação da Água

O movimento da água no aquário, gerado por bombas, filtros ou outros dispositivos. Ele garante uma troca uniforme de oxigênio, nutrientes e temperatura no tanque e é importante para o bem-estar dos habitantes do aquário.

Falta de Oxigênio

Um estado em que não há oxigênio suficiente na água do aquário para a respiração dos seres vivos. Isso pode ser causado por uma vegetação muito densa, altas temperaturas ou uma densidade populacional excessiva, levando ao estresse ou morte dos habitantes do aquário.

Fosfato

Outro nutriente que, assim como o nitrato, em concentrações muito altas pode promover florações de algas. O fosfato entra na água do aquário através de restos de alimentos, plantas mortas e fezes de peixes.

Nutrientes

Substâncias essenciais que as plantas precisam para crescer e prosperar. No aquário, isso inclui principalmente nitrato, fosfato, potássio, ferro e oligoelementos. Um excesso pode levar ao crescimento de algas, enquanto a falta resulta em plantas debilitadas.

Controle de Crescimento do Nano Aquário

Níveis de algas e nitrato ao longo do tempo.

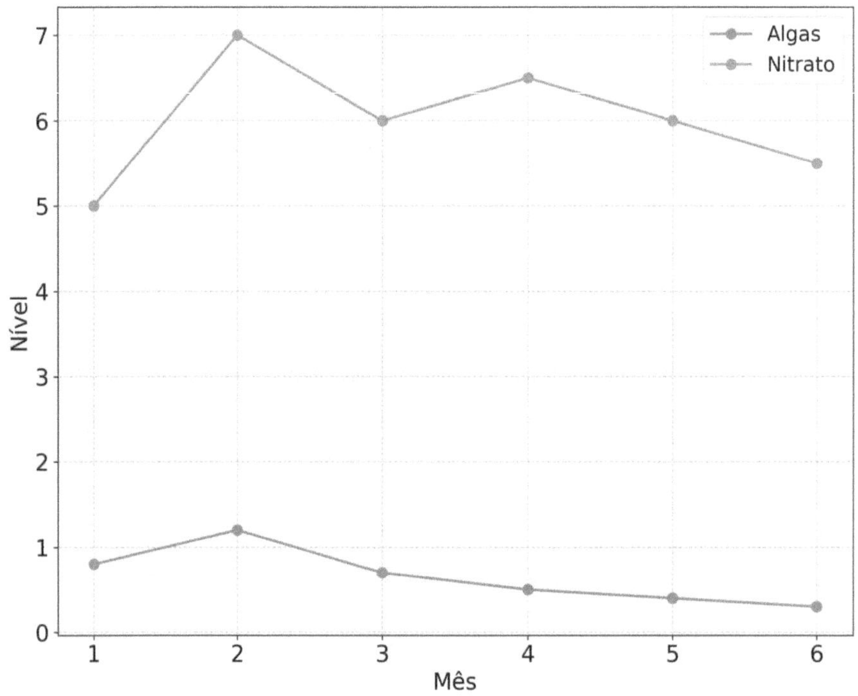

O crescimento inicial de algas é seguido por um declínio, provavelmente devido às medidas de controle implementadas. Os níveis de nitrato mostram um ligeiro aumento inicial e depois se estabilizam, indicando o sucesso do manejo de nutrientes dentro do ecossistema do nano aquário.

Conselhos concretos

- Troque mensalmente uma parte do substrato para remover nutrientes acumulados e promover o crescimento de novas plantas.
- Documente mensalmente o consumo de água do seu aquário para determinar sua pegada hídrica e identificar potenciais de economia.
- Crie uma lista de verificação mensal para a manutenção de todos os equipamentos técnicos, como filtros, aquecedores e iluminação.
- Verifique mensalmente o estado das vedações de silicone do aquário em busca de rachaduras ou vazamentos e substitua-as, se necessário.
- Calibre mensalmente instrumentos de medição, como termômetros ou medidores de pH, para garantir a precisão das medições.
- Desinfete mensalmente seus utensílios de cuidado, como redes, pinças e tesouras, para prevenir a propagação de germes e doenças.
- Pesquise mensalmente novas descobertas científicas sobre aquarismo para otimizar seus métodos de cuidado e expandir seu conhecimento.
- Utilize mensalmente um método diferente de tratamento de água para observar os efeitos na qualidade da água e encontrar o método ideal para seu aquário.
- Troque experiências mensalmente com outros aquaristas e inspire-se com suas dicas e truques.
- Visite mensalmente uma loja de aquários diferente ou uma feira de peixes para coletar novas inspirações para a decoração e a ocupação do seu aquário.

Revisão - 4. Cuidados e Manutenção

Cuidar de um aquário nano pode parecer simples à primeira vista, mas o pequeno volume de água exige uma abordagem sensível e bem pensada. Um mini-ecossistema funcional baseia-se na interação de vários fatores, que você deve manter em equilíbrio por meio de cuidados e manutenção regulares. Este guia oferece recomendações práticas para operar seu aquário nano com sucesso e desfrutar dele a longo prazo.

Comecemos pela gestão da alimentação. A quantidade correta de ração é crucial para não comprometer a qualidade da água e, ao mesmo tempo, fornecer a melhor nutrição para seus peixes. Siga a regra geral de alimentar apenas o que os animais conseguem consumir em poucos minutos. Observe atentamente o comportamento alimentar de seus peixes – isso lhe dará valiosas indicações sobre sua saúde e ajudará a ajustar a quantidade de ração individualmente. Varie entre ração seca e viva e enxágue a ração viva antes da alimentação para remover substâncias indesejadas, como sal. Lembre-se de que a temperatura da água influencia a ingestão de alimentos.

O controle do nível da água é outro aspecto importante dos cuidados com o aquário nano. A evaporação, especialmente em ambientes aquecidos, resulta em uma perda constante de água, que você deve compensar com reabastecimentos regulares. Use exclusivamente água osmótica ou destilada, pois a água da torneira muitas vezes contém minerais indesejados que podem perturbar o delicado equilíbrio do aquário. Utilize a troca de água também para limpar o substrato. Um aspirador de lodo ajuda a remover lodo e depósitos de forma eficaz, sem precisar esvaziar todo o aquário. Certifique-se de trocar apenas uma parte da água para não prejudicar as importantes culturas bacterianas. Verifique regularmente os parâmetros da água, como pH, amônia e nitrato, para monitorar a qualidade da água e reagir a mudanças a tempo.

A inspeção visual regular fornece informações sobre o estado geral do seu aquário. Preste atenção a turvações, crescimento de algas e ao comportamento de seus peixes. Pequenas mudanças podem indicar um desequilíbrio. Limpe as paredes do aquário regularmente com uma esponja ou raspador adequado para garantir a visibilidade e controlar o crescimento de algas. O sistema de filtragem também requer manutenção regular. Um filtro entupido prejudica a circulação da água e pode levar à deterioração da qualidade da água. Portanto, limpe o filtro regularmente e troque o meio filtrante de acordo com as instruções do fabricante. Incorpore a inspeção visual em sua rotina diária, por exemplo, durante a alimentação.

O cuidado com as plantas é outro componente importante da manutenção do aquário nano. Plantas saudáveis contribuem para a estabilidade do ecossistema, consumindo nutrientes e produzindo oxigênio. Pode suas plantas regularmente para evitar crescimento excessivo e remover partes mortas. Preste atenção às necessidades individuais de suas plantas e fertilize com moderação para prevenir o crescimento de algas. O monitoramento regular dos componentes técnicos, como filtro, aquecedor e iluminação, completa os cuidados.

Embora cuidar de um aquário nano exija tempo e atenção, com as estratégias certas e uma rotina bem planejada, o esforço pode ser minimizado. Você será recompensado com um magnífico mini-ecossistema que proporcionará alegria a você e aos habitantes do seu aquário por muito tempo.

5. Solução de Problemas e Prevenção

Quem não conhece - o olhar matinal para o aquário revela de repente mudanças inesperadas? Um nano aquário reage de forma especialmente sensível a distúrbios do equilíbrio biológico devido ao seu baixo volume de água. A chave para o sucesso está no reconhecimento precoce de sinais de alerta e no conhecimento das medidas corretas a serem tomadas. Este capítulo fornece as ferramentas necessárias para enfrentar com segurança os desafios típicos em pequenos aquários. O que à primeira vista parece complexo pode ser surpreendentemente simples de lidar com uma abordagem sistemática.

5. 1 Combate a Algas

As algas no aquário nano não apenas prejudicam a estética, mas também ameaçam o equilíbrio biológico. O crescimento descontrolado de algas indica desequilíbrios nas relações nutricionais e pode inibir o crescimento de plantas aquáticas, além de comprometer a saúde dos habitantes do aquário. O combate eficaz às algas requer uma compreensão das causas e a aplicação de estratégias adequadas. Este capítulo aborda medidas preventivas, métodos de controle biológico e técnicas de remoção mecânica. Desde a filtragem e iluminação adequadas até o uso de comedores de algas e tecnologias modernas de ultrassom – aqui você encontrará as ferramentas certas para um aquário nano livre de algas. Descubra como prevenir problemas com algas de forma eficaz e combater com sucesso infestações existentes.

A efetiva combate a algas no nano-aquário baseia-se na tríade de prevenção, controle biológico e remoção mecânica.

Medidas preventivas

Algas no nano-aquário são um problema comum, mas com as medidas preventivas adequadas, seu crescimento pode ser efetivamente controlado. Um aquário limpo é a base para o crescimento saudável de plantas e animais, minimizando ao mesmo tempo o risco de algas. Trocas parciais de água regulares, cerca de 10-20% semanalmente, removem nutrientes em excesso e esporos de algas antes que possam se fixar. É importante aspirar a água estagnada do fundo, onde o lodo e, consequentemente, os nutrientes tendem a se acumular. A filtragem adequada também desempenha um papel crucial. Um filtro dimensionado corretamente garante água clara e remove algas flutuantes e resíduos orgânicos. Os materiais filtrantes devem ser limpos ou trocados regularmente para garantir a plena funcionalidade. Além da filtragem mecânica, a filtragem biológica também é importante para decompor amônio e nitrito, que servem como nutrientes para as algas. Um plantio equilibrado compete com as algas por nutrientes e luz. Plantas de crescimento rápido consomem nutrientes de forma eficiente, inibindo assim o crescimento das algas. A duração correta da iluminação também é decisiva. Luz excessiva favorece as algas, enquanto luz insuficiente inibe o crescimento das plantas. Um período de iluminação de 8-10 horas por dia é suficiente para a maioria dos nano-aquários. A alimentação dos habitantes do aquário deve ser moderada. Alimentos em excesso afundam, apodrecem e liberam nutrientes que favorecem o crescimento das algas. Alimente apenas o que os animais podem consumir em poucos minutos. [s56] Assim como no grande ecossistema, no nano-aquário também é essencial evitar a entrada de poluentes. Embora as medidas no aquário doméstico não sejam diretamente comparáveis aos problemas ambientais globais, o mecanismo subjacente é o mesmo. Assim como o uso excessivo de fertilizantes na agricultura pode levar a florescimentos de algas em lagos [s56], a superfertilização no aquário

também pode favorecer o crescimento das algas. Portanto, os fertilizantes devem ser usados com moderação e de forma direcionada, para atender às necessidades nutricionais das plantas sem promover as algas. Ao escolher materiais de decoração e substrato, opte por materiais naturais e não tóxicos para evitar a entrada de substâncias indesejadas. O uso de água da torneira também pode ser problemático se contiver altas concentrações de fosfato ou nitrato. Nesse caso, o uso de osmosewasser ou de condicionadores de água especiais pode ser útil. Combinando essas medidas, você cria um nano-aquário estável e com poucas algas, onde seus habitantes se sentirão à vontade.

Bom saber

Algas Flutuantes
Algas unicelulares que flutuam na água e podem causar uma turbidez verde na água.

Esporos de Algas
Células reprodutivas de algas que se espalham na água e podem formar novas algas.

Filtragem Mecânica
Filtragem que remove partículas suspensas e sujeira maior fisicamente da água.

Materiais Filtrantes
Materiais no filtro que apoiam a purificação da água, removendo poluentes e partículas de sujeira da água. Diferentes materiais filtrantes promovem a filtragem mecânica e biológica.

Medidas de Prevenção de Algas

Distribuição dos métodos de prevenção de algas em nano aquários.

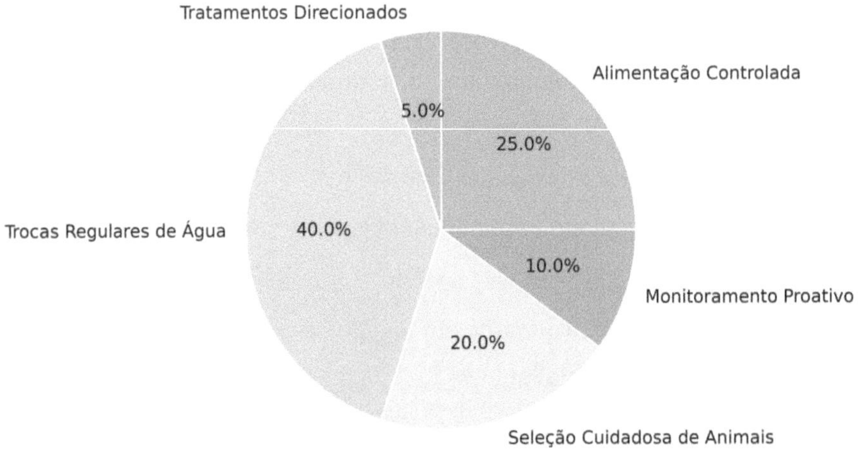

ALI: Alimentação Controlada

MON: Monitoramento Proativo (por exemplo, testes)

SEL: Seleção Cuidadosa de Animais

TRA: Tratamentos Direcionados (por exemplo, algicidas)

TRO: Trocas Regulares de Água

Uma abordagem equilibrada para a prevenção de algas é fundamental. As trocas regulares de água são a base, abordando o acúmulo de nutrientes. A seleção cuidadosa de animais e a alimentação controlada evitam o excesso de resíduos. Embora os tratamentos direcionados possam ser eficazes, eles são melhor utilizados com moderação e como último recurso. O monitoramento diligente e as medidas proativas minimizam a necessidade de soluções reativas.

Controle Biológico

O controle biológico de algas em aquários nano baseia-se na promoção direcionada de organismos que se alimentam de algas ou inibem seu crescimento. Várias espécies de animais são adequadas para isso, como caramujos, como o caramujo de chifre ou o caramujo de chifre, que pastam as camadas de algas das superfícies. Algumas espécies de camarões, como o camarão Amano, também contribuem para a redução de algas, consumindo filamentos finos de algas e camadas. Peixes como o peixe-gato Otocinclus ou certas espécies de peixes de boca viva também podem controlar o crescimento de algas. Ao escolher os animais que se alimentam de algas, é importante considerar a compatibilidade com os outros habitantes do aquário e os parâmetros da água. A superlotação do aquário deve ser evitada, pois isso pode levar a um aumento na carga de nutrientes e, em última instância, a um crescimento excessivo de algas. Além do suporte animal, o controle biológico de algas também pode ser realizado através do uso de micro-organismos. Culturas de bactérias disponíveis no comércio podem ajudar a decompor resíduos orgânicos e, assim, reduzir a oferta de nutrientes para as algas. No entanto, a eficácia desse método depende fortemente das condições no aquário e requer uma aplicação cuidadosa. Curiosamente, as algas

Reator de algas [i38]

Camarão Amano [i39]

também podem ser utilizadas em sistemas de aquicultura maiores para a remoção de nitrogênio inorgânico, onde a luz e a permanência hidráulica são fatores decisivos [s57]. Este princípio pode ser, em menor escala, aplicado ao aquário nano, criando áreas com iluminação mais intensa e maior permanência da água para concentrar o crescimento de algas e, em seguida, removê-las mais facilmente. A colocação de um pequeno reator de algas no circuito de filtragem, após a filtragem e nitrificação, pode melhorar o controle sobre a permanência hidráulica e, assim, otimizar a remoção de nitrogênio [s57].

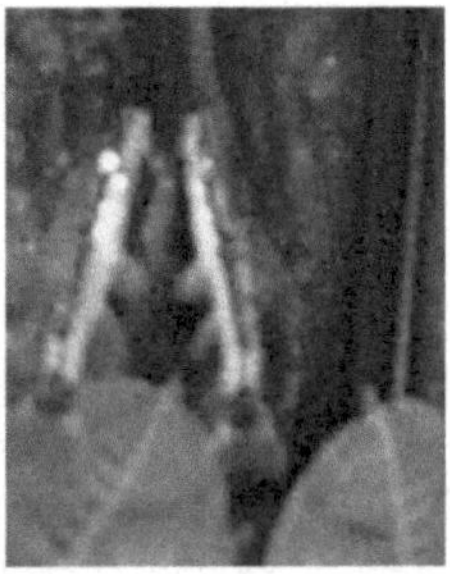

Peixe-gato Otocinclus [i40]

Caramujo ramshorn [i41]

Eficácia do Controle de Algas em Nano Aquários

Comparação de Métodos Biológicos de Controle de Algas

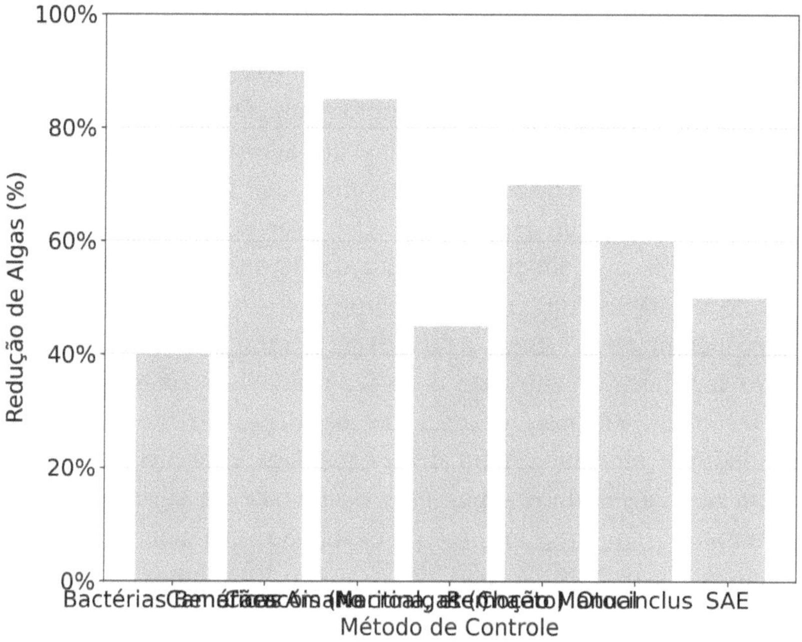

BBf: Bactérias Benéficas

CAm: Camarões Amano

Car: Caracóis (Neritina, etc.)

Mac: Macroalgas (Chaeto)

Man: Remoção Manual

Oto: Otocinclus

SAE: SAE

Este gráfico demonstra claramente a eficácia variável de diferentes métodos biológicos de controle de algas. Caracóis e camarões Amano exibem as maiores taxas de redução de algas, tornando-os excelentes escolhas para nano aquários. Embora os peixes comedores de algas possam contribuir, sua eficácia é geralmente menor e eles podem representar restrições de espaço em tanques menores. O uso de bactérias benéficas e macroalgas competitivas oferece uma abordagem mais passiva com sucesso moderado, particularmente em tanques estabelecidos. A remoção manual continua importante para o tratamento localizado e prevenção de acúmulo excessivo.

Remoção Mecânica

A remoção mecânica de algas no nano-aquário envolve vários métodos diretos para eliminar o crescimento indesejado. Com um raspador de aquário ou um cartão de algas especial, é possível remover depósitos persistentes das paredes do aquário. Para estruturas mais finas e locais de difícil acesso, como entre plantas densamente agrupadas ou em objetos decorativos, escovas macias ou acessórios de limpeza especiais são adequados. O substrato também não deve ser negligenciado durante a limpeza mecânica. Com um aspirador de detritos, é possível remover restos de plantas mortas, restos de alimentos e acúmulos de algas que se depositaram no substrato e promovem o crescimento de algas. Essa limpeza mecânica do substrato deve ser realizada regularmente, a cada uma ou duas semanas, dependendo da densidade de peixes e da quantidade de alimento. Além desses métodos convencionais, existem também abordagens inovadoras para o combate às algas. Um sistema de ultrassom omnidirecional foi desenvolvido, que remove algas com uma eficiência notável de mais de 70% em 30 minutos, destruindo as células de algas por meio de cavitação [s58]. Essa tecnologia, que opera com um único transdutor de ultrassom, pode representar no futuro uma alternativa eficiente e ambientalmente amigável aos métodos convencionais [s58]. A colheita direcionada de algas, especialmente de cianobactérias flutuantes, também é uma forma de remoção mecânica [s59]. No entanto, deve-se ter cautela, pois as cianobactérias, também conhecidas como algas azuis, podem produzir toxinas

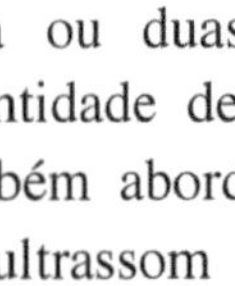

que entram na água e ameaçam os habitantes do aquário. Após a colheita das cianobactérias, deve-se realizar uma troca de água generosa para reduzir a concentração de toxinas [s59]. A remoção mecânica de algas é uma medida imediata importante para combater problemas agudos de algas. No entanto, deve sempre ser combinada com medidas preventivas e, se necessário, métodos de controle biológico, para garantir um aquário saudável e com poucas algas a longo prazo. A combinação de várias estratégias permite controlar efetivamente o crescimento de algas e manter um equilíbrio estável no nano-aquário.

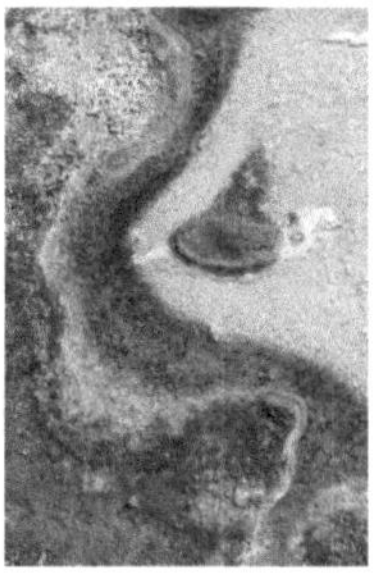

Cianobactérias [i42]

Bom saber

Concentração de Toxinas

A quantidade de toxinas dissolvidas na água. Após a remoção de cianobactérias, a concentração de toxinas deve ser reduzida por meio de uma troca de água para garantir a saúde dos habitantes do aquário.

Omnidirecional

Refere-se à propagação uniforme de ondas sonoras em todas as direções, garantindo um combate abrangente às algas no nano-aquário.

Transdutor de Ultrassom

Um dispositivo que converte energia elétrica em ondas ultrassônicas, que podem ser usadas para combater algas no nano-aquário.

Distribuição do Esforço de Remoção de Algas

Distribuição de esforço para remoção mecânica de algas.

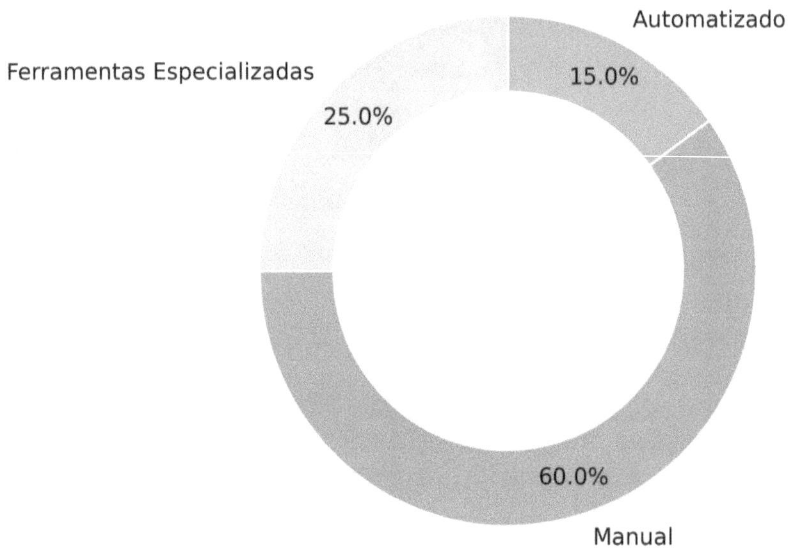

- AUT: Limpadores Automatizados (ex: limpadores robóticos)
- FES: Ferramentas Especializadas (ex: raspadores magnéticos, almofadas para algas)
- MAN: Remoção Manual (ex: raspagem, limpeza)

A remoção manual requer o esforço mais significativo, destacando a necessidade de medidas preventivas e ferramentas de limpeza eficientes. Embora ferramentas especializadas e limpadores automatizados reduzam o esforço manual, eles ainda contribuem para a carga de trabalho geral. Controles químicos ou biológicos, não representados aqui, podem minimizar ainda mais a limpeza manual.

Conselhos concretos

- Utilize uma peneira pequena e fina para remover regularmente as algas flutuantes e, assim, conter sua propagação.
- Identifique com precisão o tipo de alga para tomar medidas corretivas adequadas e evitar tratamentos desnecessários.
- Introduza plantas que competem com a alga existente, como o hornwort contra as algas filamentosas.
- Experimente fertilizantes líquidos que promovam o crescimento das plantas sem fornecer nutrientes adicionais às algas.
- Troque com mais frequência pequenas quantidades de água para manter a concentração de nutrientes constantemente baixa e prevenir o crescimento de algas.
- Observe seu aquário regularmente sob diferentes condições de iluminação para detectar o crescimento de algas precocemente e reagir imediatamente.
- Reduza gradualmente a intensidade da iluminação para inibir o crescimento de algas sem prejudicar as plantas.
- Utilize um clarificador UV-C no circuito do filtro para combater efetivamente esporos de algas e patógenos, além de clarificar a água.
- Use um produto específico para algas que seja adequado ao tipo de alga em questão e que não prejudique os outros habitantes do aquário.
- Remova completamente plantas ou objetos decorativos fortemente infestados do aquário para eliminar a fonte de algas.
- Reinicie o aquário após uma infestação de algas para garantir um reinício completo do ecossistema e eliminar algas persistentes.

5. 2 Qualidade da Água

No aquário nano, a qualidade da água determina o bem-estar dos habitantes. O pequeno volume de água reage de forma sensível a mudanças em parâmetros como pH, dureza, teor de oxigênio e concentração de poluentes. Esses fatores influenciam a saúde dos peixes, o crescimento das plantas e a eficiência da filtração biológica. Influências externas, como a qualidade da água da torneira ou fertilizantes, também desempenham um papel. Parâmetros de água estáveis são a base de um mini-ecossistema funcional. Este capítulo explica os principais parâmetros e desafios típicos no aquário nano, a fim de criar um ambiente saudável e adequado para os habitantes do seu aquário. Descubra como superar esses desafios e prevenir problemas de forma eficaz.

No aquário nano, a ação preventiva por meio de densidade de peixes adequada, alimentação equilibrada e trocas parciais regulares de água é mais importante do que o tratamento reativo de problemas, uma vez que o baixo volume de água reage mais rapidamente a mudanças e estresses.

Controle de poluentes

O controle de poluentes no nano-aquário significa a regulação direcionada de substâncias indesejadas para garantir um ecossistema estável e saudável. Parâmetros da água, como temperatura, phwert, salinitaet, alkalinitaet, dureza, oxigênio dissolvido e resíduos de nitrogênio influenciam diretamente o bem-estar dos habitantes do aquário e a eficiência da filtração biológica [s60]. Portanto, a monitorização regular desses parâmetros é essencial. A água de fonte deve ser testada para substâncias químicas nocivas antes do uso [s60]. Sistemas de monitoramento e controle automatizados, que medem e ajustam continuamente os parâmetros da água, contribuem significativamente para a estabilidade do sistema [s60]. A filtração biológica, que utiliza bactérias nitrificantes que crescem em substratos especializados, remove amônia tóxica [s60]. A filtração química pode remover compostos orgânicos adicionais, mas nem sempre é necessária [s60]. A aeração adequada mantém o nível de oxigênio em um nível ideal para os peixes [s60]. Métodos de desinfecção controlam micróbios patogênicos na água [s60], sendo que a manutenção e calibração regulares dos sistemas automatizados garantem seu funcionamento correto [s60]. Além dos parâmetros mencionados, fatores externos também influenciam a qualidade da água. Por exemplo, fertilizantes químicos e pesticidas da agricultura podem entrar na água através de fontes difusas e causar contaminação por nitrato e pesticidas [s61]. Em regiões com substâncias químicas tóxicas naturalmente presentes, como arsênio e fluoreto, a água subterrânea pode estar contaminada [s61]. A desinfecção da água com cloro também pode levar à formação de subprodutos indesejados devido à reação com substâncias orgânicas [s61]. No nano-aquário, o controle de poluentes é especialmente relevante, pois o pequeno volume de água reage mais rapidamente a mudanças. A troca regular de água com água tratada e o uso de materiais filtrantes adequados apoiam o controle de poluentes. A prevenção da superalimentação e da superlotação reduz a carga orgânica e minimiza a formação de poluentes. A combinação de filtração biológica e química pode estabelecer um sistema de limpeza eficaz que assegura a qualidade da água no nano-aquário a longo prazo. A observação atenta do aquário e de seus habitantes fornece indícios precoces de possíveis problemas e permite intervenções oportunas. Um nano-aquário estável e bem mantido é mais resistente a flutuações e oferece aos habitantes um ambiente saudável e adequado.

Níveis de Nitrato ao Longo do Tempo

Tendência da concentração de nitrato em um nano aquário.

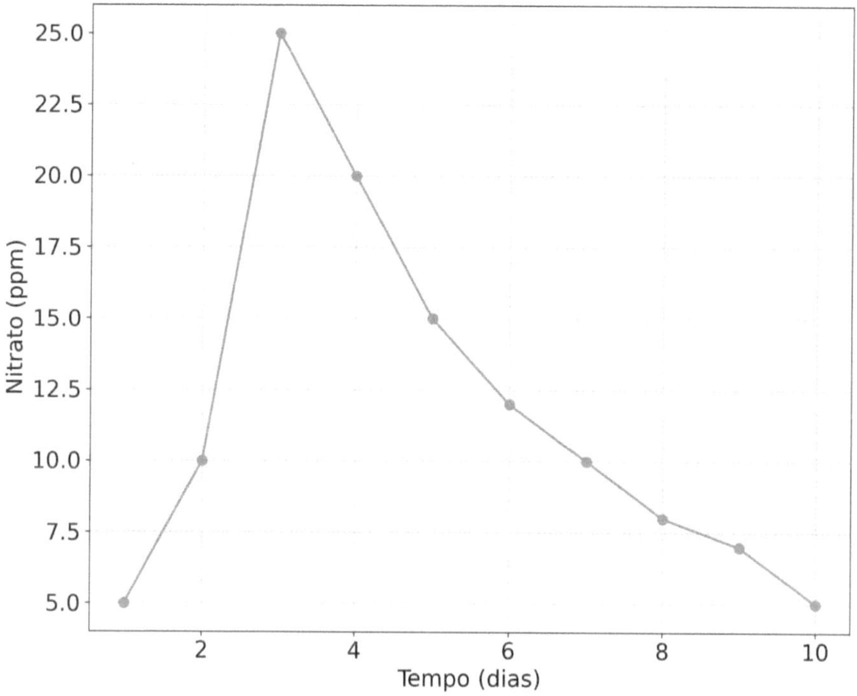

O pico inicial de nitratos sugere um desequilíbrio no ciclo do nitrogênio, provavelmente devido a um evento de superalimentação ou filtração biológica insuficiente. A diminuição subsequente indica que o sistema está começando a se estabilizar, possivelmente devido ao aumento das trocas de água ou melhoria da filtração. O monitoramento contínuo é crucial para garantir que os níveis saudáveis de nitrato sejam mantidos a longo prazo.

Regulação da dureza da água

Magnésio [i43]

A dureza da água, determinada pela concentração de íons de cálcio e magnésio, influencia não apenas o bem-estar dos habitantes do aquário, mas também diversos processos químicos no nano-aquário. Existem dois tipos de dureza: a dureza carbonática temporária (KH), que pode ser reduzida pelo aquecimento, e a dureza não carbonática permanente (GH). Para os habitantes do aquário, a GH é crucial, pois afeta a função celular e o metabolismo. Valores de GH muito baixos podem causar problemas na muda de invertebrados e perturbar a osmoregulação em peixes. Por outro lado, uma GH muito alta pode inibir o crescimento e afetar a reprodução. A KH, por sua vez, tamponiza o pH e o estabiliza contra flutuações. Um equilíbrio entre ambos os graus de dureza é, portanto, essencial para um ambiente estável no aquário. Medições regulares com testes de gotas ou dispositivos de medição eletrônicos ajudam a controlar os valores atuais. Se a GH estiver fora da faixa ideal para as espécies mantidas, pode ser ajustada por meio de medidas específicas. A adição de sais minerais especiais ou rochas como o calcário aumenta a GH, enquanto o uso de água osmótica ou destilliertem_wasser a reduz. Da mesma forma, a KH pode ser aumentada pela adição de bicarbonato de sódio. Trocas parciais regulares de água com água devidamente tratada também contribuem para a estabilização da dureza da água. A dureza ideal da água varia de acordo com a composição do aquário. Enquanto algumas espécies de peixes, como certos caracídeos sul-americanos, preferem água macia, outras, como os ciclídeos do leste africano, necessitam de água mais dura. [s62] No contexto de nano-aquários, onde o baixo volume de água reage mais rapidamente a mudanças, um controle

preciso da dureza da água é especialmente importante. Uma análise de custo-benefício pode ajudar a pesar as prioridades entre os custos de tratamento da água e os benefícios à saúde para os habitantes do aquário. [s63] Por exemplo, a aquisição de um sistema de osmose para produzir água macia pode estar associada a custos mais altos, mas a longo prazo pode promover a saúde de espécies de peixes sensíveis e reduzir o esforço para tratar doenças. O controle diário da dureza da água é especialmente essencial após trabalhos de manutenção nos sistemas de tratamento de água, a fim de detectar problemas potenciais precocemente. [s64]

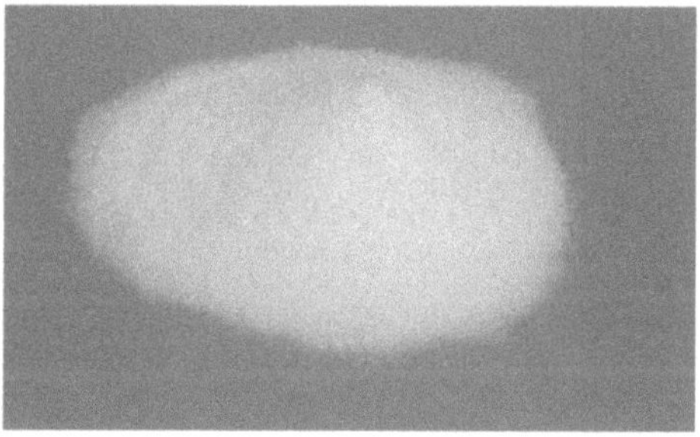

Bicarbonato de sódio [i44]

Bom saber

Bicarbonato de sódio

O bicarbonato de sódio, também conhecido como natron, pode ser utilizado no nano-aquário para aumentar a dureza carbonática (KH) e estabilizar o pH.

Osmoregulação

A osmoregulação descreve a capacidade dos seres vivos no nano-aquário de controlar ativamente o equilíbrio hídrico e salino de suas células corporais. Uma GH inadequada pode perturbar esse processo e prejudicar os animais.

Parâmetros da Água em Nano Aquários

Relação entre GH, KH e pH em diferentes configurações de nano aquários.

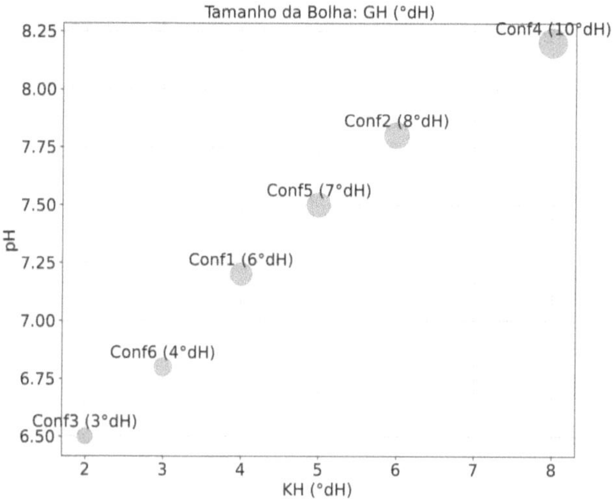

Blasengröße: GH (°dH)

Conf1: Configuração 1: Aquário de Camarões

Conf2: Configuração 2: Aquário Plantado

Conf3: Configuração 3: Aquário de Água Mole

Conf4: Configuração 4: Aquário de Água Dura

Conf5: Configuração 5: Aquário Comunitário

Conf6: Configuração 6: Aquário Low Tech

Geralmente, valores mais altos de KH se correlacionam com pH mais alto, indicando uma forte capacidade de tamponamento. Configurações com GH baixo, mesmo com KH moderado, podem exibir pH mais baixo. Tamanhos de bolha maiores representam GH mais alto, sugerindo uma ligação potencial entre o conteúdo mineral geral e a estabilidade do pH. Algumas configurações demonstram que um GH e KH balanceados são cruciais para manter uma faixa de pH estável e desejável em um nano aquário.

Gestão de Nitratos

O nitrato, o produto final do ciclo do nitrogênio, acumula-se rapidamente em aquários nano devido ao baixo volume de água e pode ser prejudicial para os habitantes. Altos níveis de nitrato promovem o crescimento de algas e podem estressar peixes e invertebrados, aumentando sua suscetibilidade a doenças e até levando à morte. A gestão eficaz de nitratos visa manter a concentração de nitrato na faixa ideal. Trocas parciais regulares de água com água de baixo teor de nitrato diluem a concentração de poluentes. Plantas vivas no aquário absorvem nitrato como nutriente, contribuindo assim para a redução do teor de nitrato. A quantidade de plantas utilizadas deve ser ajustada ao tamanho do aquário e à população para garantir uma redução eficaz do nitrato. Além disso, meios filtrantes especiais, como resinas de nitrato ou filtros de desnitrificação, podem ser utilizados. Estes oferecem uma grande superfície para bactérias que convertem nitrato em nitrogênio gasoso, que escapa da água. Assim como relações nutricionais desequilibradas podem inibir o crescimento de corais e afetar negativamente sua estrutura esquelética [s65], um desequilíbrio no aquário nano também pode levar a problemas. A prevenção da superalimentação e da superlotação minimiza a carga orgânica, que impulsiona a produção de nitrato. Uma alimentação equilibrada com ração de alta qualidade reduz a quantidade de ração

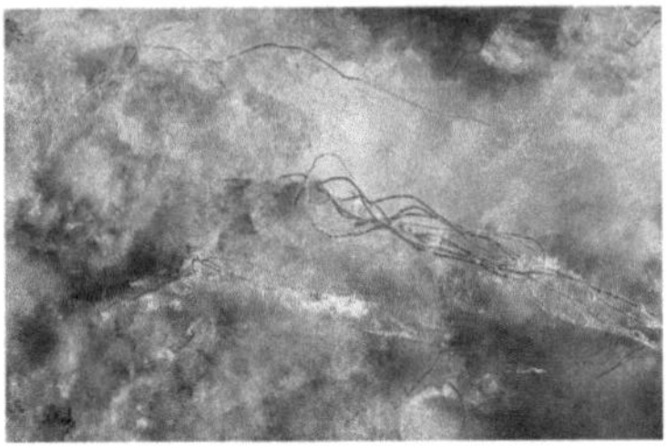

Algas [i45]

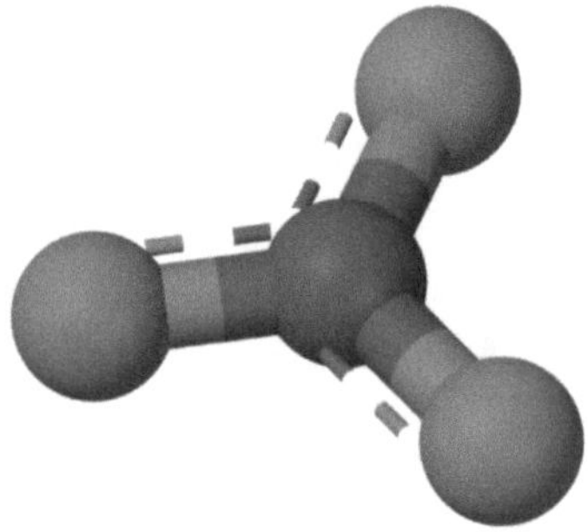

Nitrato [i46]

não utilizada que é decomposta em nitrato. No pequeno ecossistema de um aquário nano, uma gestão cuidadosa da entrada de nutrientes é essencial para o equilíbrio e a saúde dos habitantes. Para controlar o teor de nitrato, testes de água devem ser realizados regularmente. Assim, a eficácia das medidas pode ser verificada e ajustada, se necessário. Um valor de nitrato estável contribui significativamente para um aquário nano saudável e próspero.

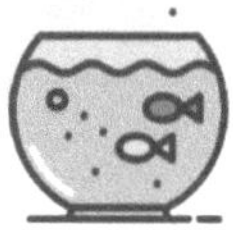

Bom saber

Ciclo do Nitrogênio

O ciclo do nitrogênio é um processo no aquário onde substâncias nocivas como amônia são convertidas em substâncias menos nocivas como nitrito e, finalmente, em nitrato. Um ciclo do nitrogênio funcional é essencial para um aquário nano saudável.

Filtros de Desnitrificação

Filtros de desnitrificação utilizam bactérias para converter nitrato em nitrogênio gasoso, que então escapa do aquário. Eles são um método eficaz para remoção de nitrato, mas requerem condições especiais para a cultura de bactérias.

Superalimentação

A superalimentação leva a um aumento na quantidade de resíduos orgânicos no aquário, que são decompostos por bactérias, promovendo assim a produção de nitrato. Uma alimentação ajustada é, portanto, importante para uma boa qualidade da água.

Estratégias de Redução de Nitrato em Nano Aquários (12-35L)

Eficácia dos Métodos de Controle de Nitrato

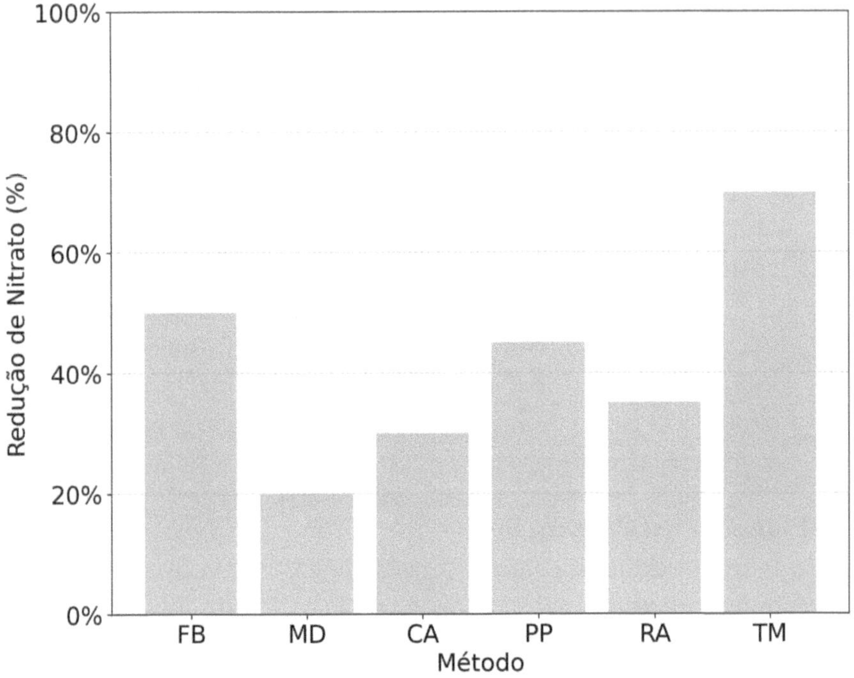

CA: Camada de Areia Profunda
MD: Mídia Química (e.g., Purigen)
RA: Refúgio (com Macroalgas)
FB: Filtração Biológica
PP: Plantas de Crescimento Rápido
TM: Trocas de Água (25%)

Trocas regulares de água são cruciais para o controle de nitrato, oferecendo redução significativa. Plantas vivas e filtragem adequada também contribuem substancialmente, enquanto mídias de filtro especializadas e filtragem química fornecem redução adicional, mas menos impactante, de nitrato. A combinação de vários métodos produz os melhores resultados para manter a qualidade ideal da água.

Conselhos concretos

- Utilize zeólito no filtro para prevenir florescimento de algas, a fim de ligar nutrientes em excesso.
- Introduza caramujos ou camarões que se alimentam de algas, contribuindo assim para a limpeza natural do aquário.
- Use um oxigenador para aumentar o teor de oxigênio na água e apoiar os processos de auto-limpeza do aquário.
- Instale um pequeno filtro de plantas no aquário para reduzir nitrato e fosfato de forma natural e melhorar a qualidade da água.
- Colha regularmente plantas de crescimento rápido para remover nutrientes em excesso da água e prevenir o crescimento de algas.
- Filtre a água de troca através de um filtro de carvão ativado para remover substâncias indesejadas e descolorações, otimizando a qualidade da água.
- Determine a dureza carbonática da sua água da torneira e ajuste o tratamento da água conforme necessário para estabilizar o pH no aquário.
- Meça regularmente o valor de redox no aquário para avaliar a atividade biológica e a qualidade da água, tomando medidas se necessário.
- Faça uma pausa entre as alimentações para permitir que os peixes tenham a oportunidade de comer restos de ração do fundo e preservar a qualidade da água.
- Utilize um condicionador de água especial para remover cloro e metais pesados da água da torneira, melhorando a qualidade da água para os habitantes do seu aquário.

5. 3 Prevenção de Doenças

A prevenção de doenças no nano-aquário significa evitar problemas e manter a saúde dos peixes. Isso inclui observação comportamental, medidas de quarentena e higiene rigorosa. Essas ações minimizam o risco de infecções e contribuem de forma decisiva para o sucesso a longo prazo do minibeckens. Reconheça precocemente os sinais de doenças e aja de forma preventiva para evitar problemas graves. Um aquário saudável começa com a prevenção adequada. Continue lendo para conhecer os passos necessários em detalhes.

A detecção precoce por meio da observação regular do comportamento é a chave para a bem-sucedida prevenção de doenças no nano-aquário.

Observação do Comportamento

A observação do comportamento no nano-aquário fornece valiosos insights sobre a saúde dos peixes e permite intervenções precoces em caso de problemas. A capacidade de identificar comportamentos normais é a chave para reconhecer desvios e, portanto, potenciais problemas de bem-estar [s66]. Um peixe saudável exibe comportamentos específicos da espécie, como alimentação ativa, prazer em nadar por todo o aquário e interação normal com seus semelhantes. Mudanças no comportamento alimentar, como Apatia ou ganância excessiva, podem indicar estresse ou doença [s66]. Também uma dinâmica de grupo alterada, como a isolação de um peixe ou agressões incomuns, deve ser motivo para uma investigação mais detalhada [s66]. Além de indicadores negativos, a observação também fornece sinais positivos de bem-estar: coloração vibrante, comportamento de cortejo ou exploração do ambiente sinalizam animais saudáveis e satisfeitos [s66]. Observações regulares – idealmente diariamente em um horário fixo – ajudam a detectar mudanças sutis precocemente e a tomar medidas antes que um problema sério se desenvolva [s66]. Na aquicultura profissional, a observação automatizada do comportamento está se tornando cada vez mais importante [s67]. Sistemas que capturam velocidade e profundidade de natação podem indicar reações sutis de estresse ou mudanças no comportamento alimentar, mesmo antes que sejam visíveis a olho nu [s67]. Sensores de luz permitem um monitoramento econômico e eficaz, que pode ser complementado por alarmes automatizados em caso de desvios do estado normal [s67]. Essa tecnologia, originalmente desenvolvida para otimizar a ingestão de alimentos e o crescimento, também oferece ao aquarista amador potencial para uma melhor prevenção de saúde.

Aquicultura [i47]

Comportamento de acasalamento [i48]

Estresse (Biologia) [i49]

Bom saber

Apatia

Desinteresse e falta de motivação em peixes, que podem indicar doença ou condições inadequadas da água no nano-aquário.

Anomalias Comportamentais

Frequência de anomalias

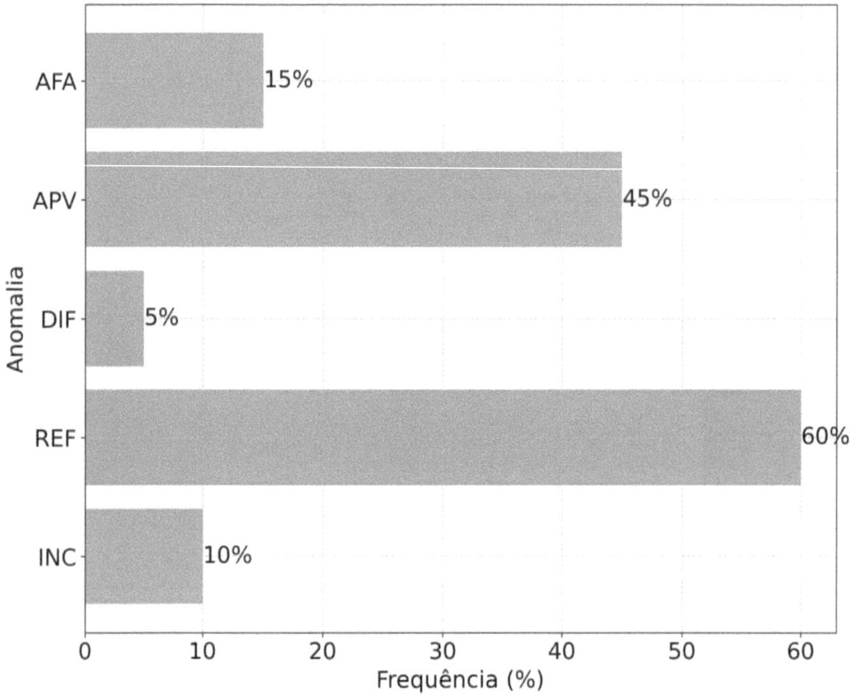

AFA: Dificuldade respiratória
APV: Apatia
DIF: Inquietação
INC: Coceira
REF: Recusa alimentar

O diagrama mostra que a apatia é a mais frequente, seguida da recusa alimentar. Coceira e dificuldade respiratória são significativamente menos comuns, sugerindo uma menor prevalência desses sintomas mais graves. A baixa frequência de inquietação sugere condições de água geralmente estáveis.

Medidas de Quarentena

A quarentena é essencial no nano-aquário para evitar a transmissão de doenças para o estoque de peixes existente. Novos peixes, independentemente da origem, devem ser inicialmente alojados em um tanque separado. Este tanque de quarentena necessita de um equipamento completo próprio, incluindo filtro, aquecedor e iluminação, para impedir qualquer contato com o aquário principal e sua instalação. Uma separação espacial dos tanques, idealmente em diferentes cômodos, minimiza o risco de contaminação cruzada. A duração da quarentena varia, dependendo do estado de saúde e da origem dos animais, entre 15 dias e três meses. Durante esse período, os recém-chegados devem ser observados de perto. Mudanças de comportamento, como falta de apetite, apatia ou respiração alterada, podem ser os primeiros sinais de uma doença e requerem investigações adicionais. Um aquarista experiente também realiza testes diagnósticos direcionados durante esse tempo. Além da observação dos peixes, a higiene durante o período de quarentena é de grande importância. As mãos devem ser lavadas cuidadosamente antes e depois de qualquer contato com o tanque de quarentena para prevenir a transmissão de patógenos. O uso de equipamentos exclusivamente destinados à quarentena e sua limpeza e desinfecção cuidadosa após o uso também contribuem para a segurança. Após o término da quarentena e com um estado de saúde impecável, os peixes podem ser transferidos para o aquário principal. Mesmo após a integração no aquário principal, recomenda-se uma observação contínua do estoque de peixes para detectar possíveis problemas de saúde precocemente.

Bom saber

Contaminação Cruzada

A transmissão de patógenos ou poluentes de um aquário para outro, por exemplo, através do uso compartilhado de equipamentos ou água.

Desinfecção

A eliminação direcionada de patógenos em superfícies e equipamentos para prevenir a propagação de doenças. No nano-aquário, podem ser utilizados desinfetantes específicos adequados para aquários.

Testes Diagnósticos

Exames específicos, por exemplo, utilizando tiras de teste ou microscópio, para identificar patógenos ou parâmetros da água e determinar a causa de problemas de saúde em habitantes do aquário.

Razões de Quarentena em Nano Aquários

Distribuição das razões de quarentena para novos habitantes em nano aquários.

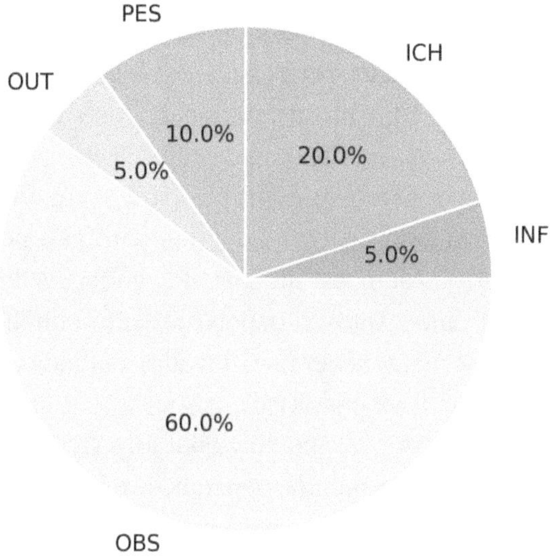

ICH: Suspeita de Íctio/Cryptocaryon

INF: Infecção Conhecida (ex: bacteriana, fúngica)

OBS: Observação e Profilaxia

OUT: Outros

PES: Infestação por Pragas (ex: hydra, planária)

A maioria das quarentenas são realizadas para observação e tratamento profilático de doenças comuns como Íctio, destacando a importância de medidas preventivas para proteger o sensível ambiente do nano aquário. Embora menos frequentes, os tratamentos direcionados para infecções conhecidas e infestações por pragas ainda são cruciais, demonstrando a necessidade de um fornecimento cuidadoso e inspeção de novas adições. A percentagem relativamente baixa de 'Outros' sugere que a maioria das razões de quarentena estão cobertas pelas principais categorias.

Medidas de Higiene

A higiene no nano-aquário abrange medidas para manter o tanque limpo e evitar a transmissão de doenças. A limpeza no aquário reduz a carga de germes e previne infecções. Trocas regulares de teilwasserwechsel, cerca de 10-20% semanalmente, removem poluentes e depósitos orgânicos. Assim, a qualidade da água permanece estável e os peixes saudáveis. A limpeza do substrato com um aspirador de lodo previne o acúmulo de poluentes e processos de decomposição. A limpeza das paredes e elementos decorativos também contribui para a higiene. Deve-se utilizar produtos de limpeza seguros para aquários para não perturbar a sensível biologia do aquário. Além da higiene do tanque, a higiene pessoal do aquarista é importante. Antes e depois de cada contato com o aquário, as mãos devem ser lavadas cuidadosamente para evitar a transmissão de patógenos – tanto do ser humano para o peixe quanto vice-versa. O uso de equipamentos separados, como redes ou mangueiras, para o tanque de quarentena também previne a introdução de patógenos no aquário principal. A desinfektion desses equipamentos após o uso, por exemplo, enxaguando com água fervente, aumenta a segurança adicionalmente. A adesão rigorosa a essas medidas de higiene minimiza o risco de surtos de doenças e contribui significativamente para o bem-estar dos habitantes do aquário.

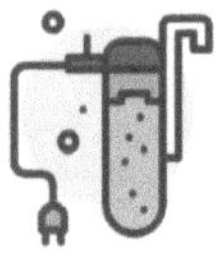

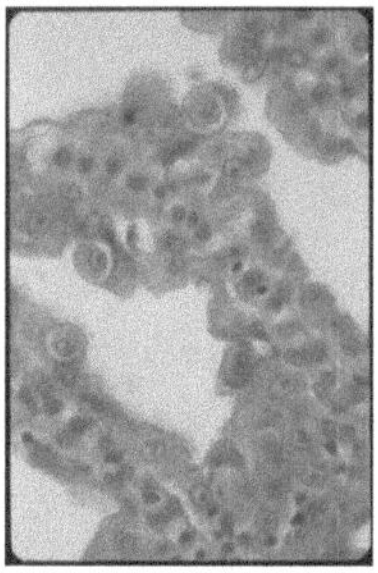

Patógenos [i50]

Bom saber

Biologia do aquário

A biologia do aquário refere-se à complexa interação entre bactérias, plantas e animais no aquário. Um equilíbrio biológico estável é importante para a saúde dos habitantes do aquário.

Depósitos orgânicos

Depósitos orgânicos como restos de alimentos, restos de plantas e excrementos de peixes formam um ambiente propício para bactérias e podem prejudicar a qualidade da água. A limpeza regular do substrato e a remoção de partes de plantas mortas ajudam a reduzir depósitos orgânicos.

Patógenos

Patógenos como bactérias, vírus e parasitas podem causar doenças em peixes e outros habitantes do aquário. Medidas de higiene ajudam a prevenir a disseminação de patógenos.

Produtos de limpeza seguros para aquários

Produtos de limpeza seguros para aquários são especialmente desenvolvidos para uso em aquários e não contêm produtos químicos nocivos que possam prejudicar os peixes ou outros habitantes do aquário.

Tanque de quarentena

Um tanque de quarentena é um aquário separado onde novos peixes ou plantas são mantidos por um certo período antes de serem introduzidos no aquário principal. Isso serve para prevenir a introdução de doenças.

Medidas de Higiene do Nano Aquário

Tempo gasto em tarefas de higiene do nano aquário.

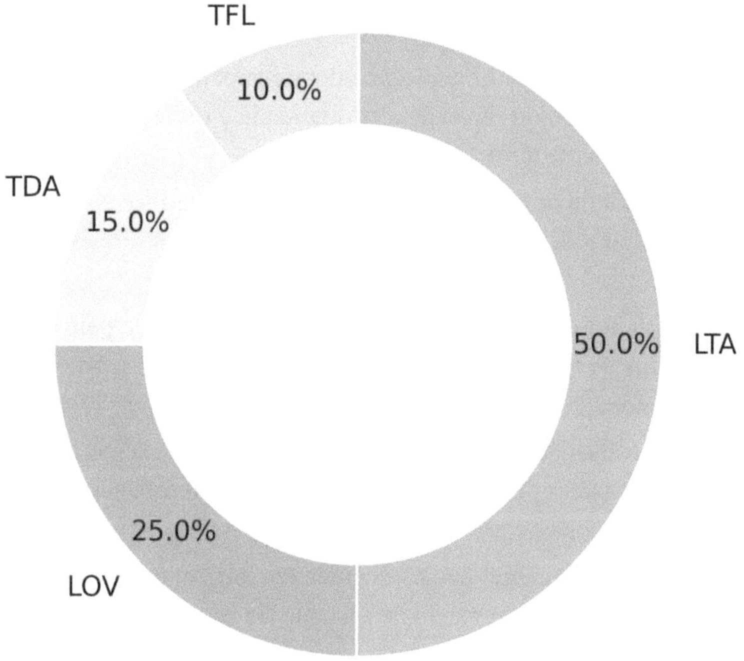

LOV: Limpeza de Outros

TDA: Troca de Água

LTA: Limpeza de Algas, Vidro, etc.

TFL: Troca de Filtro

As trocas regulares de água são a tarefa de higiene mais demorada para nano aquários, destacando sua importância na manutenção da qualidade da água. Embora menos frequentes, a limpeza do filtro e a aspiração do substrato ainda exigem tempo dedicado e não devem ser negligenciadas. Outras tarefas, embora rápidas, contribuem para a saúde geral e a limpeza do ecossistema do nano aquário.

Conselhos concretos

- Estabeleça uma 'farmácia de peixes' com importantes produtos de tratamento de água e medicamentos de fácil dosagem, para poder reagir rapidamente em caso de doença.
- Desenvolva um sistema de alerta precoce para doenças: anote diariamente anomalias no comportamento ou na aparência dos seus peixes, para reconhecer mudanças precocemente.
- Fortaleça o sistema imunológico dos seus peixes com uma dieta variada, utilizando ração de alta qualidade e oferecendo ocasionalmente alimentos vivos.
- Simule condições ambientais naturais, como variações sazonais de temperatura ou períodos de chuva, para promover a resistência dos peixes.
- Adquira um microscópio para examinar raspados de pele ou amostras de fezes dos seus peixes em busca de parasitas ou patógenos.
- Utilize folhas de amendoeira-do-mar ou cones de olmo de forma preventiva no aquário, para reduzir a carga microbiana e aumentar o bem-estar dos peixes.
- Isolar imediatamente peixes doentes em um tanque de quarentena, para evitar a contaminação do restante do estoque.
- Pesquise as doenças típicas das suas espécies de peixes, para poder tomar as medidas corretas rapidamente em caso de doença.
- Converse com aquaristas experientes ou um veterinário especializado em peixes, para obter uma segunda opinião em caso de doença.
- Após um tratamento, realize um ciclo com produtos de tratamento de água que apoiem a flora intestinal dos peixes e promovam a regeneração.

Revisão - 5. Solução de Problemas e Prevenção

Um aquário nano saudável e florescente requer uma abordagem proativa na resolução e prevenção de problemas. Em vez de reagir a problemas agudos, você deve se concentrar em medidas preventivas que garantam um ecossistema estável a longo prazo. Isso começa com a seleção cuidadosa dos habitantes do aquário e das plantas. Considere a compatibilidade das espécies e preste atenção a uma ocupação equilibrada para evitar sobrecarga e estresse. Configure seu aquário nano com cuidado: um filtro dimensionado adequadamente, que garanta tanto a filtragem mecânica quanto a biológica, é essencial. Plantas de crescimento rápido competem com algas por nutrientes e contribuem para um ciclo de água saudável. A duração correta da iluminação – nem demais, nem de menos – apoia o crescimento das plantas e inibe o crescimento excessivo de algas.

Os cuidados regulares são o cerne da prevenção de problemas. Trocas parciais de água semanais, nas quais você substitui cerca de 10-20% da água e aspira o substrato, removem nutrientes em excesso e previnem o crescimento de algas. Verifique regularmente os parâmetros da água, como temperatura, pH, GH e KH, e intervenha de forma reguladora em caso de desvios. Alimentar seus habitantes do aquário de forma moderada evita que restos de comida afundem e comprometam a qualidade da água. Lembre-se de que, em um pequeno ecossistema de um aquário nano, até mesmo pequenas quantidades de poluentes podem rapidamente levar a problemas.

Se, apesar de todas as precauções, problemas ocorrerem, é necessário agir rapidamente. Em caso de infestação de algas, além da remoção mecânica com um raspador ou escova, você também pode utilizar ajudantes biológicos. Caramujos, camarões ou certas espécies de peixes que se alimentam de algas podem controlar o crescimento de algas de forma natural. No entanto, tenha em mente que esses animais também devem se adequar à ocupação existente e o aquário não deve ser superlotado. Em caso de sintomas de doença em seus peixes, a criação de um tanque de quarentena é essencial para evitar a propagação para todo o estoque. Observe os animais no tanque de quarentena de perto e, em caso de dúvida, consulte um aquarista experiente ou um veterinário.

A adesão consistente a medidas de higiene completa seu conceito de prevenção. Lave as mãos antes e depois de cada contato com o aquário e use equipamentos separados para o tanque de quarentena. Ao limpar o aquário, utilize produtos de limpeza seguros para aquários, a fim de não perturbar o equilíbrio biológico. Embora cuidar de um aquário nano exija tempo e atenção, a vida saudável e colorida em seu mini-biotopo o recompensará por isso. Com a combinação certa de medidas preventivas e soluções direcionadas para problemas, você criará um ambiente ideal onde seus habitantes do aquário se sentirão à vontade e você terá prazer em seu aquário nano por muito tempo.

Ofertas adicionais gratuitas planejadas

Temos o prazer de oferecer futuramente materiais complementares gratuitos para este livro:

- Um capítulo bônus exclusivo com conteúdo adicional
- Um resumo compacto de todo o livro em formato PDF
- Uma versão em radionovela (Em Planejamento)

A publicação destes materiais está prevista para 2025.
Sinta-se à vontade para visitar nosso site hoje mesmo. Assim que nosso serviço de newsletter for lançado (previsto para 2025), você poderá se registrar para receber atualizações e não perder nenhuma novidade sobre as ofertas adicionais gratuitas.

www.SaageBooks.com/pt/nanoaquario-bonus-BCAMMEV

Caros leitores,

Nos sentimos profundamente honrados por terem dedicado tempo para ler nosso livro do início ao fim. Nosso maior desejo é fornecer insights valiosos e orientação prática. Sua confiança em nosso trabalho significa muito para nós. Esperamos que a leitura tenha sido enriquecedora para vocês. Se tiverem alguma dúvida ou sugestão, não hesitem em nos contactar através do nosso site.

Se gostaram deste livro, agradeceríamos muito uma avaliação honesta. Vocês podem facilmente deixar sua avaliação honesta na plataforma de vendas onde compraram o livro.
Obrigado pelo seu apoio!

Bendis Saage

Saage Media GmbH - Equipe

www.SaageBooks.com/pt

Descubra mais! O nosso site editorial oferece-lhe uma seleção diversificada de livros adicionais. Além de conteúdo gratuito e materiais bônus exclusivos, você encontrará informações detalhadas sobre nossas obras. Navegue pela nossa extensa oferta digital e inspire-se com experiências adicionais de leitura.

www.SaageBooks.com/pt

Fontes

Nossos sinceros agradecimentos a todos os autores das fontes científicas e não científicas citadas, aos operadores dos sites referenciados e aos criadores das imagens, gráficos e estudos utilizados, cujo valioso trabalho contribuiu para a criação deste livro.
Para mais informações, recomendamos visitar os sites das fontes.
Se descobrir erros de mapeamento ou outras inconsistências, entre em contato conosco.

Todas as fontes foram acessadas pela última vez em: 2025-02-12

[s1] - https://pmc.ncbi.nlm.nih.gov/articles/PMC10819107/

Autor:	Putu A Suriasni, Ferry Faizal, Wawan Hermawan, Ujang Subhan, Camellia Panatarani, I Made Joni	**Título:**	IoT Water Quality Monitoring and Control System in Moving Bed Biofilm Reactor to Reduce Total Ammonia Nitrogen
por:	Padjadjaran University	**DOI:**	10.3390/s24020494
Data:	2024 Jan 12	**Site:**	PMC
Editora:	MDPI		

[s2] - https://www.mdpi.com/2076-3298/10/11/188

Autor:	Monika R. Snowdon, Robert F. L. Liang, Avneet Kaur, Erika A. Burton, Shasvat Rathod, Wenkai Fang, Hadi A. Dhiyebi, Leslie M. Bragg, Norman Y. Zhou, Mark R. Servos, Marina Freire-Gormaly	**Título:**	Effects of Substituting Activated Carbon with Titanium-Dioxide-Coated Cenospheres in Conventional Aquarium Filters
por:	Multidisciplinary Digital Publishing Institute	**DOI:**	10.3390/environments10110188
Data:	2023-10-31	**Site:**	MDPI
Editora:	Multidisciplinary Digital Publishing Institute		

[s3] - https://pmc.ncbi.nlm.nih.gov/articles/PMC3991973/

Autor:	Natalia Villamizar, Luisa María Vera, Nicholas Simon Foulkes, Francisco Javier Sánchez-Vázquez	**Título:**	Effect of Lighting Conditions on Zebrafish Growth and Development
DOI:	10.1089/zeb.2013.0926	**Data:**	2014 Apr 1
Site:	PubMed Central (PMC)	**Editora:**	Zebrafish

[s4] - https://pubmed.ncbi.nlm.nih.gov/26835667/

Autor:	Miralles V, Huerre A, Malloggi F, Jullien MC	**Título:**	A Review of Heating and Temperature Control in Microfluidic Systems: Techniques and Applications
DOI:	10.3390/diagnostics3010033	**Data:**	2013/01/15
Site:	PubMed	**Editora:**	Diagnostics (Basel, Switzerland)

[s5] - https://www.mdpi.com/2075-4418/3/1/33

Autor:	Vincent Miralles, Axel Huerre, Florent Malloggi, Marie-Caroline Jullien	**Título:**	A Review of Heating and Temperature Control in Microfluidic Systems: Techniques and Applications
por:	Multidisciplinary Digital Publishing Institute	**DOI:**	10.3390/diagnostics3010033
Data:	2013-01-15	**Site:**	MDPI
Editora:	Multidisciplinary Digital Publishing Institute		

[s6] - https://pmc.ncbi.nlm.nih.gov/articles/PMC9102199/

Autor:	Andre Fussy, Jutta Papenbrock	**Título:**	An Overview of Soil and Soilless Cultivation Techniques—Chances, Challenges and the Neglected Question of Sustainability
por:	Leibniz University Hannover	**DOI:**	10.3390/plants11091153
Data:	2022 Apr 24	**Site:**	PubMed Central (PMC)
Editora:	Plants		

[s7] - https://www.mdpi.com/1999-4907/14/2/414

Autor:	Domagoj Mamić, Danijela Domljan	**Título:**	Design of Decorative Wooden Wall Panels from Sliced Pedunculate Slavonian Oak (Quercus robur L.) from Veneer Production Residue
por:	Multidisciplinary Digital Publishing Institute	**DOI:**	10.3390/f14020414
Data:	2023-02-17	**Site:**	mdpi.com
Editora:	Multidisciplinary Digital Publishing Institute		

[s8] - https://pmc.ncbi.nlm.nih.gov/articles/PMC9668571/

Autor:	Weihua Zou, Zimu Li, Delin Sun	**Título:**	The teaching content of Shanghai style furniture design for Chinese art design speciality
por:	Central South University of Forestry and Technology	**DOI:**	10.1016/j.heliyon.2022.e11627
Data:	2022 Nov 14	**Site:**	PubMed Central (PMC)
Editora:	Heliyon		

[s9] - https://www.mdpi.com/2673-7248/3/1/2

Autor:	Ryoga Miyauchi, Xiaoxiao Zhou, Yuki Inoue	**Título:**	Design Elements That Increase the Willingness to Pay for Denim Fabric Products
por:	Multidisciplinary Digital Publishing Institute	**DOI:**	10.3390/textiles3010002
Data:	2023-01-05	**Site:**	MDPI
Editora:	Multidisciplinary Digital Publishing Institute		

[s10] - https://www.mdpi.com/2071-1050/13/20/11236

Autor:	Mohd Naqib Azfar Mohd Roslan, Abentin Estim, Balu Alagar Venmathi Maran, Saleem Mustafa	**Título:**	Effects of Aquatic Plants on Nutrient Concentration in Water and Growth Performance of Fantail Goldfish in an Aquaculture System
por:	Multidisciplinary Digital Publishing Institute	**DOI:**	10.3390/su132011236
Data:	2021-10-12	**Site:**	mdpi.com
Editora:	Multidisciplinary Digital Publishing Institute		

[s11] - https://www.mdpi.com/2076-3417/10/8/2712

Autor:	Nurul Umairah Mohd Nizam, Marlia Mohd Hanafiah, Izzati Mohd Noor, Hazwani Izzati Abd Karim	**Título:**	Efficiency of Five Selected Aquatic Plants in Phytoremediation of Aquaculture Wastewater
por:	Multidisciplinary Digital Publishing Institute	**DOI:**	10.3390/app10082712
Data:	2020-04-14	**Site:**	MDPI
Editora:	Multidisciplinary Digital Publishing Institute		

[s12] - https://www.mdpi.com/2223-7747/12/1/207

Autor:	Simona Ceschin, Flaminia Mariani, Dario Di Lernia, Iole Venditti, Emanuele Pelella, Maria Adelaide Iannelli	**Título:**	Effects of Microplastic Contamination on the Aquatic Plant Lemna minuta (Least Duckweed)
por:	Multidisciplinary Digital Publishing Institute	**DOI:**	10.3390/plants12010207
Data:	2023-01-03	**Site:**	mdpi.com
Editora:	Multidisciplinary Digital Publishing Institute		

[s13] - https://www.mdpi.com/2073-4425/13/11/2043

Autor:	Li Li, Changkun Liu, Kunpeng Hou, Wenzhe Liu	**Título:**	Comparative Analyses of Plastomes of Four Anubias (Araceae) Taxa, Tropical Aquatic Plants Endemic to Africa
por:	Multidisciplinary Digital Publishing Institute	**DOI:**	10.3390/genes13112043
Data:	2022-11-05	**Site:**	MDPI
Editora:	Multidisciplinary Digital Publishing Institute		

[s14] - https://pmc.ncbi.nlm.nih.gov/articles/PMC3916945/

Autor:	Avdesh Avdesh, Mengqi Chen, Mathew T Martin-Iverson, Alinda Mondal, Daniel Ong, Stephanie Rainey-Smith, Kevin Taddei, Michael Lardelli, David M Groth, Giuseppe Verdile, Ralph N Martins	**Título:**	Regular Care and Maintenance of a Zebrafish (Danio rerio) Laboratory: An Introduction
por:	PubMed Central (PMC)	**DOI:**	10.3791/4196
Data:	2012 Nov 18	**Site:**	PMC
Editora:	Journal of Visualized Experiments : JoVE		

[s15] - https://pmc.ncbi.nlm.nih.gov/articles/PMC4521404/

Autor:	Christian Lawrence, Timothy Mason	**Título:**	Zebrafish Housing Systems: A Review of Basic Operating Principles and Considerations for Design and Functionality
por:	Boston Children's Hospital; Institute of Neuroscience, University of Oregon	**DOI:**	10.1093/ilar.53.2.179
Data:	2012	**Site:**	PubMed Central (PMC)
Editora:	ILAR journal / National Research Council, Institute of Laboratory Animal Resources		

[s16] - https://www.ncbi.nlm.nih.gov/books/NBK500413/

Autor:	Christian Lawrence, George E. Sanders, Carole Wilson	**Título:**	Aquatics - Management of Animal Care and Use Programs in Research, Education, and Testing - NCBI Bookshelf
por:	National Center for Biotechnology Information (NCBI)	**DOI:**	10.1201/9781315152189-24
Data:	2018	**Site:**	NCBI Bookshelf
Editora:	CRC Press/Taylor & Francis		

[s17] - https://pmc.ncbi.nlm.nih.gov/articles/PMC6421069/

Autor:	Sean McNamara, Marcin Wlizla, Marko E Horb	**Título:**	Husbandry, general care, and transportation of Xenopus laevis and Xenopus tropicalis
por:	National Xenopus Resource, Marine Biological Laboratory, Woods Hole, MA, USA	**DOI:**	10.1007/978-1-4939-8784-9_1
Data:	2018	**Site:**	PubMed Central (PMC)

[s18] - https://pmc.ncbi.nlm.nih.gov/articles/PMC10732328/

Autor:	Kamalapriya V, Rekha Mani, Vijay Venkatesh, Seetha Kunhikannan, Shyam Ganesh V	**Título:**	The Role of Low Mineral Water Consumption in Reducing the Mineral Density of Bones and Teeth: A Narrative Review
por:	SRM Kattankulathur Dental College and Hospital; ICON Clinical Research Organisation	**DOI:**	10.7759/cureus.49119
Data:	2023 Nov 20	**Site:**	PubMed Central (PMC)
Editora:	Cureus		

[s19] - https://pmc.ncbi.nlm.nih.gov/articles/PMC3117238/

Autor:	Anthony J Siccardi, III, Steve Padgett-Vasquez, Heath W Garris, Tim R Nagy, Louis R D'Abramo, Stephen A Watts	**Título:**	Dietary Strontium Increases Bone Mineral Density in Intact Zebrafish (Danio rerio): A Potential Model System for Bone Research
por:	University of Alabama at Birmingham; Mississippi State University	**DOI:**	10.1089/zeb.2010.0654
Data:	2010 Sep	**Site:**	PubMed Central (PMC)
Editora:	Zebrafish		

[s20] - https://www.mdpi.com/2673-9410/2/1/9

Autor:	Hanan Al-Adilah, Martin C. Feiters, Lucy J. Carpenter, Puja Kumari, Carl J. Carrano, Dhia Al-Bader, Frithjof C. Küpper	**Título:**	Halogens in Seaweeds: Biological and Environmental Significance
por:	Multidisciplinary Digital Publishing Institute	**DOI:**	10.3390/phycology2010009
Data:	2022-02-18	**Site:**	MDPI
Editora:	Multidisciplinary Digital Publishing Institute		

[s21] - https://www.mdpi.com/2071-1050/13/24/13574

Autor:	Maria Rowena Robles Romana-Eguia, Mildred Patito Rutaquio, Reylan Caroscos Gutierrez, Nerissa Diaz Salayo	**Título:**	Assessment of Tilapia–Freshwater Prawn Co-Culture Schemes in Tanks and Lake-Based Cages for Increased Farm Production
por:	Multidisciplinary Digital Publishing Institute	**DOI:**	10.3390/su132413574
Data:	2021-12-08	**Editora:**	Multidisciplinary Digital Publishing Institute

[s22] - https://pmc.ncbi.nlm.nih.gov/articles/PMC10756741/

Autor:	Qiang Chen, Shuting Huang, Jieyu Dai, Congcong Wang, Songming Chen, Yuanxin Qian, Yangyang Gong, Tao Han	**Título:**	Effects of Synthetic Astaxanthin on the Growth Performance, Pigmentation, Antioxidant Capacity, and Immune Response in Black Tiger Prawn (Penaeus monodon)
por:	Zhejiang Ocean University, Zhejiang NHU Co., Ltd.	**DOI:**	10.1155/2023/6632067
Data:	2023 Dec 22	**Site:**	PMC
Editora:	Aquaculture Nutrition		

[s23] - https://pmc.ncbi.nlm.nih.gov/articles/PMC10649180/

Autor:	Gregory A Lewbart, Trevor T Zachariah	**Título:**	Aquatic and Terrestrial Invertebrate Welfare
por:	NC State University, Brevard Zoo|Sea Turtle Healing Center	**DOI:**	10.3390/ani13213375
Data:	2023 Oct 31	**Site:**	PubMed Central (PMC)
Editora:	MDPI		

[s24] - https://pmc.ncbi.nlm.nih.gov/articles/PMC7152310/

Autor:	David A Warrell	**Título:**	Animals Hazardous to Humans
por:	National Center for Biotechnology Information (NCBI)	**DOI:**	10.1016/B978-1-4160-4390-4.00134-X
Data:	2012 Nov 28	**Site:**	PubMed Central (PMC)
Editora:	Hunter's Tropical Medicine and Emerging Infectious Disease		

[s25] - https://pmc.ncbi.nlm.nih.gov/articles/PMC8750641/

Autor:	Luigi Colin, Daniel Abed-Navandi, Dalia A Conde, Jamie Craggs, Rita da Silva, Max Janse, Björn Källström, Alexander Pearce-Kelly, Chris Yesson	**Título:**	What's left in the tank? Identification of non-ascribed aquarium's coral collections with DNA barcodes as part of an integrated diagnostic approach
DOI:	10.1007/s12686-021-01250-3	**Data:**	2022 Jan 11
Site:	PubMed Central (PMC)	**Editora:**	Springer Science and Business Media LLC

[s26] - https://pmc.ncbi.nlm.nih.gov/articles/PMC7695302/

Autor:	Christina Ripken, Konstantin Khalturin, Eiichi Shoguchi	**Título:**	Response of Coral Reef Dinoflagellates to Nanoplastics under Experimental Conditions Suggests Downregulation of Cellular Metabolism
por:	Okinawa Institute of Science and Technology Graduate University	**DOI:**	10.3390/microorganisms8111759
Data:	2020 Nov 9	**Site:**	PubMed Central (PMC)
Editora:	MDPI		

[s27] - https://pmc.ncbi.nlm.nih.gov/articles/PMC3088407/

Autor:	Elli Slaughter, Richard M Gersberg, Kayo Watanabe, John Rudolph, Chris Stransky, Thomas E Novotny	**Título:**	Toxicity of cigarette butts, and their chemical components, to marine and freshwater fish
por:	San Diego State University, Nautilus Environmental	**DOI:**	10.1136/tc.2010.040170
Data:	2011 May	**Site:**	PubMed Central (PMC)
Editora:	Tobacco Control		

[s28] - https://pmc.ncbi.nlm.nih.gov/articles/PMC9819327/

Autor:	Leonardo Alberghini, Alessandro Truant, Serena Santonicola, Giampaolo Colavita, Valerio Giaccone	**Título:**	Microplastics in Fish and Fishery Products and Risks for Human Health: A Review
por:	University of Padova; University of Molise	**DOI:**	10.3390/ijerph20010789
Data:	2022 Dec 31	**Site:**	PubMed Central (PMC)
Editora:	International Journal of Environmental Research and Public Health		

[s29] - https://pmc.ncbi.nlm.nih.gov/articles/PMC9205308/

Autor:	Natalia Zolotova, Anna Kosyreva, Dzhuliia Dzhalilova, Nikolai Fokichev, Olga Makarova	**Título:**	Harmful effects of the microplastic pollution on animal health: a literature review
por:	PMC (PubMed Central)	**DOI:**	10.7717/peerj.13503
Data:	2022 Jun 14	**Site:**	pmc.ncbi.nlm.nih.gov
Editora:	PeerJ		

[s30] - https://pmc.ncbi.nlm.nih.gov/articles/PMC4180258/

Autor:	Annette Taugbøl, Tina Arntsen, Kjartan Østbye, Leif Asbjørn Vø llestad	**Título:**	Small Changes in Gene Expression of Targeted Osmoregulatory Genes When Exposing Marine and Freshwater Threespine Stickleback (Gasterosteus aculeatus) to Abrupt Salinity Transfers
por:	University of Oslo, Hedmark University College	**DOI:**	10.1371/journal.pone.0106894
Data:	2014 Sep 29	**Site:**	PubMed Central (PMC)
Editora:	PLoS ONE		

[s31] - https://www.mdpi.com/2673-5636/4/1/11

Autor:	Arabella E. Graves, Jemma E. Dias, Christopher J. Michaels	**Título:**	Effects of Background Color on Stress-Linked Behavior in the Critically Endangered Lake Oku Clawed Frog (Xenopus longipes)
por:	Multidisciplinary Digital Publishing Institute	**DOI:**	10.3390/jzbg4010011
Data:	2023-02-02	**Site:**	mdpi.com
Editora:	Multidisciplinary Digital Publishing Institute		

[s32] - https://pmc.ncbi.nlm.nih.gov/articles/PMC6039869/

Autor:	R Woodbridge, MP Sullivan, E Harding, S Crutch, KJ Gilhooly, MLM Gilhooly, A McIntyre, L Wilson	**Título:**	Use of the physical environment to support everyday activities for people with dementia: A systematic review
por:	Brunel University, UK; University College, UK	**DOI:**	10.1177/1471301216648670
Data:	2016 Aug 4	**Site:**	PubMed Central (PMC)
Editora:	SAGE Publications		

[s33] - https://www.mdpi.com/1424-2818/13/10/465

Autor:	Courtney E. Stuart, Lisa M. Wedding, Simon J. Pittman, Stephanie J. Green	**Título:**	Habitat Suitability Modeling to Inform Seascape Connectivity Conservation and Management
por:	Multidisciplinary Digital Publishing Institute	**DOI:**	10.3390/d13100465
Data:	2021-09-26	**Site:**	MDPI
Editora:	Multidisciplinary Digital Publishing Institute		

[s34] - https://www.mdpi.com/2073-4360/13/4/594

Autor:	Pavel Brdlík, Martin Borůvka, Luboš Běhálek, Petr Lenfeld	**Título:**	Biodegradation of Poly(Lactic Acid) Biocomposites under Controlled Composting Conditions and Freshwater Biotope
por:	Multidisciplinary Digital Publishing Institute	**DOI:**	10.3390/polym13040594
Data:	2021-02-16	**Site:**	MDPI
Editora:	Multidisciplinary Digital Publishing Institute		

[s35] - https://journals.plos.org/plosone/article?id=10.1371/journal.pone.0278877

Autor:	Zhigang Li, Jiaxing Zhu	**Título:**	Assessment and spatial partitioning of ecosystem services importance in Giant Panda National Park: To provide targeted ecological protection
DOI:	10.1371/journal.pone.0278877	**Data:**	Dec 9, 2022
Site:	PLOS ONE	**Editora:**	Public Library of Science

[s36] - https://www.mdpi.com/1424-8220/20/13/3742

Autor:	Alia Ghaddar, Ahmad Merei, Enrico Natalizio	**Título:**	PPS: Energy-Aware Grid-Based Coverage Path Planning for UAVs Using Area Partitioning in the Presence of NFZs
por:	Multidisciplinary Digital Publishing Institute	**DOI:**	10.3390/s20133742
Data:	2020-07-03	**Site:**	MDPI
Editora:	Multidisciplinary Digital Publishing Institute		

[s37] - https://pmc.ncbi.nlm.nih.gov/articles/PMC6663029/

Autor:	Heather Clements, Stephanie Valentin, Nicholas Jenkins, Jean Rankin, Julien S Baker, Nancy Gee, Donna Snellgrove, Katherine Sloman	**Título:**	The effects of interacting with fish in aquariums on human health and well-being: A systematic review
por:	University of the West of Scotland, WALTHAM Centre for Pet Nutrition, State University of New York	**DOI:**	10.1371/journal.pone.0220524
Data:	2019 Jul 29	**Site:**	PubMed Central (PMC)
Editora:	PLoS ONE		

[s38] - https://doi.org/10.47982/cgc.8.409

Autor:	Catie Newell, Ryan Craney	**Título:**	Color Depth
por:	University of Michigan	**DOI:**	10.47982/cgc.8.409
Data:	2022-06-20	**Site:**	Challenging Glass Conference Proceedings

[s39] - https://pubmed.ncbi.nlm.nih.gov/19878820/

Autor:	Rocha KM; Vabre L; Krueger RR	**Título:**	Expanding depth of focus by modifying higher-order aberrations induced by an adaptive optics visual simulator
por:	National Center for Biotechnology Information (NCBI)	**DOI:**	10.1016/j.jcrs.2009.05.059
Data:	2009 Nov	**Site:**	PubMed
Editora:	J Cataract Refract Surg		

[s40] - https://pubmed.ncbi.nlm.nih.gov/15743612/

Autor:	Frederick A A Kingdom, Sohil Rangwala, Karim Hammamji	**Título:**	Chromatic properties of the colour-shading effect
DOI:	10.1016/j.visres.2004.11.023	**Data:**	2005 May
Site:	PubMed	**Editora:**	Vision Res

[s41] - https://journals.plos.org/plosone/article?id=10.1371/journal.pone.0272773

Autor:	Valeria Anna Sovrano, Greta Baratti, Davide Potrich, Tania Rosà, Veronica Mazza	**Título:**	"Classifying-together" phenomenon in fish (Xenotoca eiseni): Simultaneous exposure to visual stimuli impairs subsequent discrimination learning
por:	University of Trento	**DOI:**	10.1371/journal.pone.0272773
Data:	Aug 25, 2022	**Site:**	PLOS ONE
Editora:	Public Library of Science		

[s42] - https://pmc.ncbi.nlm.nih.gov/articles/PMC9409496/

Autor:	Valeria Anna Sovrano, Greta Baratti, Davide Potrich, Tania Rosà, Veronica Mazza	**Título:**	"Classifying-together" phenomenon in fish (Xenotoca eiseni): Simultaneous exposure to visual stimuli impairs subsequent discrimination learning
por:	University of Trento	**DOI:**	10.1371/journal.pone.0272773
Data:	2022 Aug 25	**Site:**	PubMed Central (PMC)
Editora:	PLoS ONE		

[s43] - https://pmc.ncbi.nlm.nih.gov/articles/PMC6579845/

Autor:	Francisco Javier Sánchez-Vázquez, Jose Fernando López-Olmeda, Luisa Maria Vera, Herve Migaud, Marcos Antonio López-Patiño, Jesús M Mí guez	**Título:**	Environmental Cycles, Melatonin, and Circadian Control of Stress Response in Fish
por:	University of Murcia; University of Stirling; University of Vigo	**DOI:**	10.3389/fendo.2019.00279
Data:	2019 Jun 11	**Site:**	PubMed Central (PMC)
Editora:	Frontiers in Endocrinology		

[s44] - https://pmc.ncbi.nlm.nih.gov/articles/PMC9640449/

Autor:	Mohamed E Abd El-Hack, Mohamed T El-Saadony, Maha M Nader, Heba M Salem, Amira M El-Tahan, Soliman M Soliman, Asmaa F Khafaga	**Título:**	Effect of environmental factors on growth performance of Nile tilapia (Oreochromis niloticus)
DOI:	10.1007/s00484-022-02347-6	**Data:**	2022 Aug 31
Site:	PubMed Central (PMC)	**Editora:**	International Journal of Biometeorology

[s45] - https://pmc.ncbi.nlm.nih.gov/articles/PMC3916945/

Autor:	Avdesh Avdesh, Mengqi Chen, Mathew T Martin-Iverson, Alinda Mondal, Daniel Ong, Stephanie Rainey-Smith, Kevin Taddei, Michael Lardelli, David M Groth, Giuseppe Verdile, Ralph N Martins	**Título:**	Regular Care and Maintenance of a Zebrafish (Danio rerio) Laboratory: An Introduction
DOI:	10.3791/4196	**Data:**	2012 Nov 18
Site:	PubMed Central (PMC)	**Editora:**	Journal of Visualized Experiments : JoVE

[s46] - https://pmc.ncbi.nlm.nih.gov/articles/PMC7678922/

Autor:	Helene Volkoff, Ivar Rønnestad	**Título:**	Effects of temperature on feeding and digestive processes in fish
por:	National Library of Medicine (NLM), National Institutes of Health (NIH)	**DOI:**	10.1080/23328940.2020.1765950
Data:	2020 May 18	**Site:**	PubMed Central (PMC)
Editora:	Temperature: Multidisciplinary Biomedical Journal		

[s47] - https://pmc.ncbi.nlm.nih.gov/articles/PMC4472382/

Autor:	Louise Maranda, May Lau, Sunita M Stewart, Olga T Gupta	**Título:**	A Novel Behavioral Intervention in Adolescents with Type 1 Diabetes Mellitus Improves Glycemic Control: Preliminary Results from a Pilot Randomized Control Trial
por:	University of Massachusetts Medical School; University of Texas Southwestern Medical Center	**DOI:**	10.1177/0145721714567235
Data:	2015 Jan 22	**Site:**	PubMed Central (PMC)
Editora:	The Diabetes educator		

[s48] - https://pmc.ncbi.nlm.nih.gov/articles/PMC7301644/

Autor:	Peter Aleström, Livia D'Angelo, Paul J Midtlyng, Daniel F Schorderet, Stefan Schulte-Merker, Frederic Sohm, Susan Warner	**Título:**	Zebrafish: Housing and husbandry recommendations
DOI:	10.1177/0023677219869037	**Data:**	2019 Sep 11
Site:	PubMed Central (PMC)	**Editora:**	Laboratory Animals

[s49] - https://pmc.ncbi.nlm.nih.gov/articles/PMC6936768/

Autor:	Alena Norton, Kitt F Franse, Tierney Daw, Latanya Gordon, Peter F Vitiello, Mary D Kinkel	**Título:**	Larval Rearing Methods for Small-scale Production of Healthy Zebrafish
por:	Appalachian State University; Sanford Research	**Data:**	2019
Site:	PubMed Central (PMC)	**Editora:**	Eastern biologist

[s50] - https://pmc.ncbi.nlm.nih.gov/articles/PMC9334006/

Autor:	Madison R Lichak, Joshua R Barber, Young Mi Kwon, Kerel X Francis, Andres Bendesky	**Título:**	Care and Use of Siamese Fighting Fish (Betta splendens) for Research
DOI:	10.30802/AALAS-CM-22-000051	**Data:**	2022 Jun
Site:	PubMed Central (PMC)	**Editora:**	Comparative Medicine

[s51] - https://pmc.ncbi.nlm.nih.gov/articles/PMC3916945/

Autor:	Avdesh Avdesh, Mengqi Chen, Mathew T Martin-Iverson, Alinda Mondal, Daniel Ong, Stephanie Rainey-Smith, Kevin Taddei, Michael Lardelli, David M Groth, Giuseppe Verdile, Ralph N Martins	**Título:**	Regular Care and Maintenance of a Zebrafish (Danio rerio) Laboratory: An Introduction
DOI:	10.3791/4196	**Data:**	2012 Nov 18
Site:	PubMed Central (PMC)	**Editora:**	Journal of Visualized Experiments : JoVE

[s52] - https://pmc.ncbi.nlm.nih.gov/articles/PMC10375971/

Autor:	Sabrina Brando, Max Norman	**Título:**	Handling and Training of Wild Animals: Evidence and Ethics-Based Approaches and Best Practices in the Modern Zoo
por:	AnimalConcepts	**DOI:**	10.3390/ani13142247
Data:	2023 Jul 9	**Site:**	PubMed Central (PMC)
Editora:	MDPI		

[s53] - https://pmc.ncbi.nlm.nih.gov/articles/PMC3916945/

Autor:	Avdesh Avdesh, Mengqi Chen, Mathew T Martin-Iverson, Alinda Mondal, Daniel Ong, Stephanie Rainey-Smith, Kevin Taddei, Michael Lardelli, David M Groth, Giuseppe Verdile, Ralph N Martins	**Título:**	Regular Care and Maintenance of a Zebrafish (Danio rerio) Laboratory: An Introduction
DOI:	10.3791/4196	**Data:**	2012 Nov 18
Site:	PubMed Central (PMC)	**Editora:**	Journal of Visualized Experiments : JoVE

[s54] - https://pmc.ncbi.nlm.nih.gov/articles/PMC8528056/

Autor:	Ciku Mathenge, Yadav Ganesh Prasad	**Título:**	Cleaning the operating theatre
por:	University of Rwanda, Dr Agarwal's Group of Eye Hospitals	**Data:**	2021 Jul 20
Site:	PubMed Central (PMC)	**Editora:**	Community Eye Health

[s55] - https://pmc.ncbi.nlm.nih.gov/articles/PMC3916945/

Autor:	Avdesh Avdesh, Mengqi Chen, Mathew T Martin-Iverson, Alinda Mondal, Daniel Ong, Stephanie Rainey-Smith, Kevin Taddei, Michael Lardelli, David M Groth, Giuseppe Verdile, Ralph N Martins	**Título:**	Regular Care and Maintenance of a Zebrafish (Danio rerio) Laboratory: An Introduction
DOI:	10.3791/4196	**Data:**	2012 Nov 18
Site:	PubMed Central (PMC)	**Editora:**	Journal of Visualized Experiments : JoVE

[s56] - https://pmc.ncbi.nlm.nih.gov/articles/PMC7121614/

Autor:	Ishrat Bashir, F A Lone, Rouf Ahmad Bhat, Shafat A Mir, Zubair A Dar, Shakeel Ahmad Dar	**Título:**	Concerns and Threats of Contamination on Aquatic Ecosystems
por:	Sher-e-Kashmir University of Agricultural Sciences and Technology, Jammu	**DOI:**	10.1007/978-3-030-35691-0_1
Data:	2020 Jan 27	**Site:**	PMC

[s57] - https://pmc.ncbi.nlm.nih.gov/articles/PMC7498764/

Autor:	Norulhuda Mohamed Ramli, J A J Verreth, Fatimah M Yusoff, K Nurulhuda, N Nagao, Marc C J Verdegem	**Título:**	Integration of Algae to Improve Nitrogenous Waste Management in Recirculating Aquaculture Systems: A Review
por:	Aquaculture and Fisheries Group, Wageningen University & Research; Department of Biological and Agricultural Engineering, Faculty of Engineering, Universiti Putra Malaysia; International Institute of Aquaculture and Aquatic Sciences, Universiti Putra Malaysia; Department of Aquaculture, Faculty of Agriculture, Universiti Putra Malaysia; Bluescientific Shinkamigoto Co. Ltd.	**DOI:**	10.3389/fbioe.2020.01004
Data:	2020 Sep 4	**Site:**	PMC (PubMed Central)
Editora:	Frontiers in Bioengineering and Biotechnology		

[s58] - https://pmc.ncbi.nlm.nih.gov/articles/PMC9046449/

Autor:	Hao-Ren Feng, Jian-An Wang, Liang Wang, Jia-Mei Jin, Shu-Wen Wu, Charles-C Zhou	**Título:**	Study on a novel omnidirectional ultrasonic cavitation removal system for Microcystis aeruginosa
por:	Nanjing University of Aeronautics and Astronautics; AVIC Taiyuan Aero-Instruments Co., Ltd.; Zhejiang Refine Environmental Technology, Corp. Ltd.	**DOI:**	10.1016/j.ultsonch.2022.106008
Data:	2022 Apr 20	**Site:**	PMC (PubMed Central)
Editora:	Ultrasonics Sonochemistry		

[s59] - https://pmc.ncbi.nlm.nih.gov/articles/PMC8306311/

Autor:	Assaf Sukenik, Aaron Kaplan	**Título:**	Cyanobacterial Harmful Algal Blooms in Aquatic Ecosystems: A Comprehensive Outlook on Current and Emerging Mitigation and Control Approaches
DOI:	10.3390/microorganisms9071472	**Data:**	2021 Jul 9
Site:	PubMed Central (PMC)	**Editora:**	MDPI

[s60] - https://pmc.ncbi.nlm.nih.gov/articles/PMC4521404/

Autor:	Christian Lawrence, Timothy Mason	**Título:**	Zebrafish Housing Systems: A Review of Basic Operating Principles and Considerations for Design and Functionality
DOI:	10.1093/ilar.53.2.179	**Data:**	2012
Site:	PubMed Central (PMC)	**Editora:**	ILAR journal / National Research Council, Institute of Laboratory Animal Resources

[s61] - https://www.ncbi.nlm.nih.gov/books/NBK11769/

Autor:	Tord Kjellstrom, Madhumita Lodh, Tony McMichael, Geetha Ranmuthugala, Rupendra Shrestha, Sally Kingsland	**Título:**	Air and Water Pollution: Burden and Strategies for Control
por:	The International Bank for Reconstruction and Development / The World Bank	**Data:**	2006
Site:	NCBI Bookshelf	**Editora:**	The International Bank for Reconstruction and Development / The World Bank

[s62] - https://pmc.ncbi.nlm.nih.gov/articles/PMC3775162/

Autor:	Pallav Sengupta	**Título:**	Potential Health Impacts of Hard Water
Data:	2013 Aug	**Site:**	PubMed Central (PMC)
Editora:	International Journal of Preventive Medicine		

[s63] - https://pmc.ncbi.nlm.nih.gov/articles/PMC2265038/

Autor:	Adrian Burton	**Título:**	Cardiovascular Health: Hard Data for Hard Water
DOI:	10.1289/ehp.116-a114a	**Data:**	2008 Mar
Site:	PubMed Central (PMC)	**Editora:**	Environmental Health Perspectives

[s64] - https://pmc.ncbi.nlm.nih.gov/articles/PMC7025357/

Autor:	Hugh Leonard, Taryn Pile	**Título:**	Hard water syndrome: a case series of 30 patients from a London haemodialysis unit
por:	Department of Renal Medicine, Guy's and St Thomas' NHS Foundation Trust, London, UK	**DOI:**	10.1093/ckj/sfz050
Data:	2019 May 12	**Site:**	PubMed Central (PMC)
Editora:	Clinical Kidney Journal		

[s65] - https://pmc.ncbi.nlm.nih.gov/articles/PMC10276130/

Autor:	M C Buckingham, C D'Angelo, T B Chalk, G L Foster, K G Johnson, Z Connelly, C Olla, M Saeed, J Wiedenmann	**Título:**	Impact of nitrogen (N) and phosphorus (P) enrichment and skewed N:P stoichiometry on the skeletal formation and microstructure of symbiotic reef corals
por:	School of Ocean and Earth Science (SOES), University of Southampton, Southampton, UK; Natural History Museum, London, UK	**DOI:**	10.1007/s00338-022-02223-0
Data:	2022 Apr 20	**Site:**	PubMed Central (PMC)
Editora:	SpringerOpen		

[s66] - https://www.mdpi.com/2076-2615/13/16/2548

Autor:	Stephen A. Smith	**Título:**	Fish Welfare in Public Aquariums and Zoological Collections
por:	Multidisciplinary Digital Publishing Institute	**DOI:**	10.3390/ani13162548
Data:	2023-08-08	**Site:**	MDPI
Editora:	Multidisciplinary Digital Publishing Institute		

[s67] - https://www.mdpi.com/1424-8220/18/3/750

Autor:	Lorena Parra, Sandra Sendra, Laura García, Jaime Lloret	**Título:**	Design and Deployment of Low-Cost Sensors for Monitoring the Water Quality and Fish Behavior in Aquaculture Tanks during the Feeding Process
por:	Multidisciplinary Digital Publishing Institute	**DOI:**	10.3390/s18030750
Data:	2018-03-01	**Site:**	MDPI
Editora:	Multidisciplinary Digital Publishing Institute		

Fontes de imagem

As imagens não listadas são de criação própria ou foram adquiridas com licença apropriada. Todos os direitos estão reservados para essas imagens.

Para todas as outras imagens listadas aqui:
Nenhuma das imagens foi modificada, apenas a resolução foi ajustada. Na versão eBook, as imagens foram compiladas em colagens numeradas. Todas as imagens permanecem sujeitas à sua licença original e são usadas de acordo com seus respectivos termos de licença. Se você descobrir erros de atribuição ou outras discrepâncias, entre em contato conosco.

Data da revisão final da imagem: 2025-02-12.

Licença utilizada

CC0 http://creativecommons.org/publicdomain/zero/1.0/deed.en

Créditos de imagem

[i1] - 001_001_002_image_photosynthese.jpeg
https://upload.wikimedia.org/wikipedia/commons/f/f4/Leaf_1_web.jpg

Date:	2003-01-05	**por:**	Weft
Artista:	Jon Sullivan	**License:**	Public domain

[i2] - 001_002_002_image_moos.jpeg
https://upload.wikimedia.org/wikipedia/commons/3/30/Decorative_Moss_Balls_3.jpg

Date:	2021-04-26	**por:**	Coughdrop12
Artista:	Alaska Region U.S. Fish & Wildlife Service	**License:**	Public domain

[i3] - 001_002_002_image_aquarienpflanze.jpeg
https://upload.wikimedia.org/wikipedia/commons/a/a8/Amaterske_akvarium.jpg

Date:	2006-08-23	**por:**	Shizhao
Artista:	Aleš Tošovský	**License:**	Public domain

[i4] - 001_003_001_image_ammoniak.jpeg
https://upload.wikimedia.org/wikipedia/commons/0/05/Ammonia-3D-balls-A.png

Date:	2008-04-29	**por:**	Benjah-bmm27
Artista:	Ben Mills	**License:**	Public domain

[i5] - 001_003_002_image_strontium.jpeg
https://upload.wikimedia.org/wikipedia/commons/8/8b/Strontianite_Strontium_carbonate_Barstow_San_Bernardino_County_California_1845.jpg

Date:	2007-04-15	**por:**	Dyet
Artista:	http://www.shutterstone.com	**License:**	Public domain

[i6] - 001_003_002_image_fischskelett.jpeg
https://upload.wikimedia.org/wikipedia/commons/e/ee/605Ants_of_the_Philippines_eating_fish_skeletons_21.jpg

Date: 2020-09-26 **por:** Judgefloro
License: CC0

[i7] - 002_001_001_image_frostfutter.jpeg
https://upload.wikimedia.org/wikipedia/commons/f/f7/Frozen_fresh_cod_fillet.jpg

Date: 2024-07-09 **por:** Fumikas Sagisavas
License: CC0

[i8] - 002_001_001_image_salmler.jpeg
https://upload.wikimedia.org/wikipedia/commons/c/cc/Bucktoothed_Tetra_Image_001.jpg

Date: 2007-03-01 **por:** Ltshears
License: Public domain

[i9] - 002_001_002_image_astaxanthin.jpeg
https://upload.wikimedia.org/wikipedia/commons/0/01/Astaxanthin-3D-spacefill.png

Date: 2011-06-09 **por:** Jynto
License: CC0

[i10] - 002_002_001_image_abschaeumer.jpeg
https://upload.wikimedia.org/wikipedia/commons/d/d7/Reef_Aquarium_New_Sump.jpg

Date: 5 May 2008 **por:** File Upload Bot (Magnus Manske)
Artista: Gtstricky **License:** Public domain

[i11] - 002_002_002_image_kiemen.jpeg
https://upload.wikimedia.org/wikipedia/commons/5/53/Fish_gills_in_Tokyo.jpg

Date: 2021-07-06 **por:** Syced
License: CC0

[i12] - 002_002_003_image_detritus.jpeg
https://upload.wikimedia.org/wikipedia/commons/4/49/Hoja_terminalia.jpg

Date: 2008-12-01 **por:** M3 SHERPA
License: Public domain

[i13] - 002_002_003_image_parasit_fisch.jpeg
https://upload.wikimedia.org/wikipedia/commons/0/09/Fish%27s_parasite.jpg

Date: 2006-08-29 **por:** Dante
License: Public domain

[i14] - 002_002_003_image_putzergarnele.jpeg
https://upload.wikimedia.org/wikipedia/commons/e/ed/Spotted_cleaner_shrimp.jpg

Date: 2020-02-10 **por:** Togabi
License: Public domain

[i15] - 002_003_003_image_microsorum.jpeg
https://upload.wikimedia.org/wikipedia/commons/8/89/Microsorum_pteropus.jpg

Date: 31 March 2006 **por:** File Upload Bot (Magnus Manske)
Artista: Tsunamicarlos **License:** Public domain

[i16] - 002_003_003_image_vallisneria_gigantea.jpeg
https://upload.wikimedia.org/wikipedia/commons/8/8d/Vallisneria_americana_%28USDA%29.jpg

Date: 2006-08-02 **por:** Nonenmac
Artista: William & Wilma Follette, USDA NRCS, 1992. Western wetland flora: Field office guide to plant species. West Region, Sacramento, CA. Courtesy of USDA NRCS Wetland Science Institute. **License:** Public domain

---

[i17] - 003_001_001_image_biotop.jpeg
https://upload.wikimedia.org/wikipedia/commons/1/10/Knolparasolzwammen._09-11-2023._%28d.j.b%29.jpg

Date:	2023-11-09	**por:**	Famberhorst
Artista:	Dominicus Johannes Bergsma	**License:**	CC0

[i18] - 003_001_001_image_laichplatz.jpeg
https://upload.wikimedia.org/wikipedia/commons/9/9a/Spawning_sockeye_salmon.jpg

Date:	2008-11-10	**por:**	Epipelagic
Artista:	Unknown authorUnknown author	**License:**	Public domain

[i19] - 003_001_002_image_aquascape.jpeg
https://upload.wikimedia.org/wikipedia/commons/5/50/Aquascape_mini.jpg

Date:	2025-01-04	**por:**	Trstcantik
License:	CC0		

[i20] - 003_001_002_image_nanocube.jpeg
https://upload.wikimedia.org/wikipedia/commons/b/b7/Nano-Reef_Aquarium.jpg

Date:	2011-01-08	**por:**	T137
Artista:	Dria1975	**License:**	Public domain

[i21] - 003_001_002_image_wurzel_aquarium.jpeg
https://upload.wikimedia.org/wikipedia/commons/1/1b/Snail_3539289564.jpg

Date:	2022-02-24	**por:**	*ngoomie
Artista:	ngoomie	**License:**	CC0

[i22] - 003_001_003_image_mangroven.jpeg
https://upload.wikimedia.org/wikipedia/commons/b/b9/Mangrove_forest_at_ZhanJiang.jpg

Date:	28 July 2022	**por:**	ElectronicGhost
Artista:	一只星步甲	**License:**	CC0

[i23] - 003_002_001_image_aquascaping.jpeg
https://upload.wikimedia.org/wikipedia/commons/e/e7/58g_aquascape.jpg

Date:	2006-08-23	**por:**	Shizhao
Artista:	Tsunamicarlos	**License:**	Public domain

[i24] - 003_002_002_image_fischschwarm.jpeg
https://upload.wikimedia.org/wikipedia/commons/6/6b/Nagoya_Aquarium_%2815%29.jpg

Date:	2016-07-15	**por:**	Maplestrip
License:	CC0		

[i25] - 003_002_003_image_hoehle_aquarium.jpeg
https://upload.wikimedia.org/wikipedia/commons/5/5f/Astyanax_jordani_T%C3%A9tra_aveugle_Aquarium_Li%C3%A8ge_30012016_02.jpg

Date:	2016-01-30	**por:**	Vassil
License:	CC0		

[i26] - 003_003_001_image_sphaerische_aberration.jpeg
https://upload.wikimedia.org/wikipedia/commons/1/10/Spherical-aberration-slice.jpg

Date:	14 June 2005	**por:**	Undead warrior
Artista:	Mdf	**License:**	Public domain

[i27] - 003_003_002_image_dekoration.jpeg
https://upload.wikimedia.org/wikipedia/commons/0/02/Aquarium_d%C3%A9co.jpg

Date:	2025-01-14	**por:**	Fafa25TN
License:	CC0		

[i28] - 003_003_002_image_fisch.jpeg
https://upload.wikimedia.org/wikipedia/commons/b/b7/Aquarium_Fish_1.jpg

Date:	1 August 2006	**por:**	File Upload Bot (Magnus Manske)
Artista:	Mitternacht90	**License:**	Public domain

[i29] - 003_003_003_image_farbtemperatur.jpeg
https://upload.wikimedia.org/wikipedia/commons/6/6d/Color_temperature_comparison_of_5_CFLs.jpg
Date: 2012-04-30 **por:** Splarka
License: Public domain

[i30] - 004_001_001_image_salinenkrebschen.jpeg
https://upload.wikimedia.org/wikipedia/commons/1/19/Artemia_%28YPM_IZ_098733%29.jpeg
Date: 2019-07-09 **por:** Christian Ferrer
Artista: class="fn value"> Sikander Kiani **License:** CC0

[i31] - 004_001_002_image_salinitaet.jpeg
https://upload.wikimedia.org/wikipedia/commons/f/f5/Paracheirodon_axelrodi_2.jpg
por: Fæ **Artista:** Paolo Neo
License: Public domain

[i32] - 004_001_003_image_aquarienschwamm.jpeg
https://upload.wikimedia.org/wikipedia/commons/0/02/MBNMS_-_Yellow_Ruffle_Sponge_-_Davidson_Seamount_%2831516263452%29.jpg
Date: 2016-12-06 **por:** Orizan
Artista: National Marine Sanctuaries **License:** Public domain

---

[i33] - 004_002_002_image_schwammfilter.jpeg
https://upload.wikimedia.org/wikipedia/commons/3/35/000_easy_sponge_filter_for_betta_aquarium.jpg
Date: 2009-01 **por:** Fishoftheworld
Artista: Yo Lopera **License:** Public domain

[i34] - 004_002_003_image_seitentriebe.jpeg
https://upload.wikimedia.org/wikipedia/commons/6/6e/Aronia_-_Borlhon.jpg
Date: 2024-03-08 **por:** Jiròni B.
License: CC0

[i35] - 004_002_003_image_auslaeufer.jpeg
https://upload.wikimedia.org/wikipedia/commons/3/36/Runners_%28PSF%29.png
Date: 2019-08-16 **por:** Encik Tekateki
Artista: Pearson Scott Foresman **License:** Public domain

[i36] - 004_002_003_image_wasserparameter.jpeg
https://upload.wikimedia.org/wikipedia/commons/6/6b/NATIONAL_WATER_QUALITY_LABORATORY%2C_AQUATIC_BIOLOGIST_WESLEY_SMITH%2C_REMOVES_A_SUBSTRATE_FROM_THE_BANK_OF_AQUARIUM..._-_NARA_-_551588.jpg
Date: June **por:** US National Archives bot
Artista: NARA record: 3045077 **License:** Public domain

[i37] - 004_003_002_image_kalkablagerungen.jpeg
https://upload.wikimedia.org/wikipedia/commons/0/04/Calcium_carbonate_formations%2C_Mammoth_Hot_Springs_%2849200868036%29.jpg
Date: 2019-12-06 **por:** Ser Amantio di Nicolao
Artista: Yellowstone National Park **License:** Public domain

---

[i38] - 005_001_002_image_algenreaktor.jpeg
https://upload.wikimedia.org/wikipedia/commons/1/19/BasicHomemadeAlgaeScrubber.jpg
Date: 2011-05-09 **por:** SantaMonicaMale
License: CC0

[i39] - 005_001_002_image_amanogarnele.jpeg
https://upload.wikimedia.org/wikipedia/commons/d/d3/DSCN8033_1.sized.jpg
Date: 2007-03-08 **por:** Marrabbio2
Artista: [2] **License:** Public domain

[i40] - 005_001_002_image_otocinclus_wels.jpeg
https://upload.wikimedia.org/wikipedia/commons/b/bd/OtocinclusAffinis.jpg

Date:	29 December 2006	**por:**	Rcfernandes
License:	Public domain		

[i41] - 005_001_002_image_posthornschnecke.jpeg
https://upload.wikimedia.org/wikipedia/commons/f/f4/Planorbella_trivolvis.jpg

Date:	2005-08-03	**por:**	Snek01
License:	Public domain		

[i42] - 005_001_003_image_cyanobakterien.jpeg
https://upload.wikimedia.org/wikipedia/commons/0/08/Blue-green_algae_on_Emerald_Terrace.jpg

Date:	2019-07-27	**por:**	Pseudopanax
License:	Public domain		

[i43] - 005_002_002_image_magnesium.jpeg
https://upload.wikimedia.org/wikipedia/commons/d/dd/Magnesium.jpg

Date:	2007-05-23	**por:**	Renamed user EUgxCtTxPS
Artista:	Maral10	**License:**	Public domain

[i44] - 005_002_002_image_natriumhydrogencarbonat.jpeg
https://upload.wikimedia.org/wikipedia/commons/8/81/Sodium_bicarbonate.jpg

Date:	2008-03-01	**por:**	Materialscientist
Artista:	Thavox	**License:**	Public domain

[i45] - 005_002_003_image_algen.jpeg
https://upload.wikimedia.org/wikipedia/commons/5/5a/Marine_algae_in_Gullmarsfjorden_at_S%C3%A4mstad_4.jpg

Date:	2019-07-12	**por:**	W.carter
License:	CC0		

[i46] - 005_002_003_image_nitrat.jpeg
https://upload.wikimedia.org/wikipedia/commons/3/3b/Nitrate-3D-balls.png

Date:	2007-04-23	**por:**	Benjah-bmm27
Artista:	Ben Mills	**License:**	Public domain

[i47] - 005_003_001_image_aquakultur.jpeg
https://upload.wikimedia.org/wikipedia/commons/4/41/Delta_Pride_Catfish_farm_harvest.jpg

Date:	desconhecido	**por:**	Davepape
Artista:	Ken Hammond	**License:**	Public domain

[i48] - 005_003_001_image_balzverhalten.jpeg
https://upload.wikimedia.org/wikipedia/commons/6/62/Gr%C3%A8bejougrisparade.jpg

Date:	2005-07-12	**por:**	Archaeodontosaurus
Artista:	Dewhurst, Donna	**License:**	Public domain

[i49] - 005_003_001_image_stress_biologie.jpeg
https://upload.wikimedia.org/wikipedia/commons/b/b0/Long_finned_oscar.jpg

Date:	2007-12-19	**por:**	Rosarinagazo
Artista:	Kurt Auerbach	**License:**	Public domain

[i50] - 005_003_003_image_krankheitserreger.jpeg
https://upload.wikimedia.org/wikipedia/commons/0/0a/EPITHELIUM_%28GILL_COVERING%29_OF_A_CHANNEL_CATFISH_DAMAGED_BY_EXPOSURE_TO_METHYL_MERCURIC_CHLORIDE_IN_THE_WATER._CAMERA..._-_NARA_-_551615.jpg

Date:	June	**por:**	US National Archives bot
Artista:	NARA record: 3045077	**License:**	Public domain

FSC
www.fsc.org
MIX
Papier | Fördert gute Waldnutzung
FSC® C083411

Kolibri 360 GmbH
Ferdinand-Jühlke-Straße 7
99095 Erfurt, Deutschland
produktsicherheit@kolibri360.de